KB179446

씨앗 속에서

글쓴이 **베티 피오토** Beti Piotto

아르헨티나 농학자. 식물 다양성, 씨앗과 나무 번식 전문가로 여러 관련 도서를 출간했다. 아르헨티나 로사리오 국립대학, 레바논 환경부에서 근무하며 국제연합 식량농업기구를 위해 온두라스에서도 활동 중이다. 이탈리아 국립 섬유소 종이 연구소, 환경부 및 기술 고등 연구원에서 일했으며, 2018년에 이탈리아 산림학 아카데미 회원으로 임명되었다. 아르헨티나 공화국 대통령 과학 명예 디플롬, 이탈리아 농민연합 여성 전문가상, 아르헨티나 과학기술생산혁신부 뿌리상 등을 수상했다.

그린이 **조이아 마르케지아니** Gioia Marchegiani

로마 유럽디자인학교 일러스트과를 졸업한 뒤 그림 작가로 활동하며 수채화를 가르친다. 고양이 두 마리, 기니피그 두 마리, 육지거북이 네 마리와 함께 살며 산책과 정원 가꾸기를 통해 예술적 영감을 얻는다. NaturArte 2019 자연주의 일러스트레이션 대회에서 1등을 수상하고, 2017년 볼로냐 국제어린이도서전에서 일러스트 전시 작가로 선정되는 등 국내외에서 여러 상을 받고 전시회를 가졌다. 자신이 설립한 세미디카르타Semidicarta(종이씨앗) 협회에서 교육 및 창작 활동을 통한 환경보호 운동을 펼치고 있다.

옮긴이 **김지우**

이탈리아에서 어린 시절을 보냈고 한국외국어대학교 이탈리아어과를 졸업했다. 동 대학교 국제지역대학원에서 유럽연합지역학으로 석사학위를 받은 뒤 현재 이탈리아 대사관에서 근무하고 있다. 주요 번역 작품으로는 엘레나 페란테의 '나폴리 4부작'과 '나쁜 사랑 3부작', 『어른들의 거짓된 삶』, 『엘레나 페란테 글쓰기의 고통과 즐거움』이 있다. 그 외에도 로셀라 포스토리노의 『히틀러의 음식을 먹는 여자들』, 2019년 이탈리아 스트레가상 수상작 산드로 베로네시의 『허밍버드』 등 다수의 작품을 번역했다.

일러두기

이 책에 나오는 식물, 동물, 곤충 이름은 <국가표준식물목록>과 <국가생물종지식시스템>을 기준으로 표기했다. 우리나라 보통명이 없는 경우 영어명을 참고했고 보통명과 영어명이 모두 불명확할 경우 학명을 한글로 음차하여 표기했다.

씨앗 속에서

in un seme

베티 피오토 글
조이아 마르케지아니 그림
김지우 옮김

열매하나

씨앗의 역사

지금으로부터 약 4억 년 전 양치식물, 이끼, 해초류, 속새류의 식물이 습한 환경에서 자라나기 시작했습니다. 이들을 은화식물이라고 합니다. 은화식물의 학명인 크립토감스*cryptogams*는 고대 그리스어로 '숨겨진'을 의미하는 크립토스*kruptós*와 '결합'을 의미하는 가메오*gaméo*가 합해진 단어죠. 이들은 꽃을 피우지 않고 생식 세포인 포자를 이용하여 번식합니다.

그로부터 수백만 년 뒤 식물은 더 쉽게 번식하기 위해 씨앗을 만들기 시작했습니다. 씨앗은 추위, 가뭄, 어둠처럼 힘든 환경에서도 꿋꿋이 살아남았습니다. 식물학적으로 볼 때 씨앗의 등장은 가히 혁명적인 사건입니다. 씨앗 덕분에 식물은 예전보다 멀리 이동할 수 있게 되었고 생존력도 강해졌습니다.

씨를 만들어내는 식물을 종자식물이라고 합니다. 종자식물의 학명 스페르마토피테*spermatophyte*는 고대 그리스어로 '종자'를 의미하는 스페르마*spèrma*와 '식물'을 의미하는 피톤*phytòn*이 결합된 단어입니다.

처음 씨앗이 퍼지기 시작한 것은 무려 3억 5천만 년 전으로 당시 씨앗의 화석이 지금까지 전해져 내려옵니다.

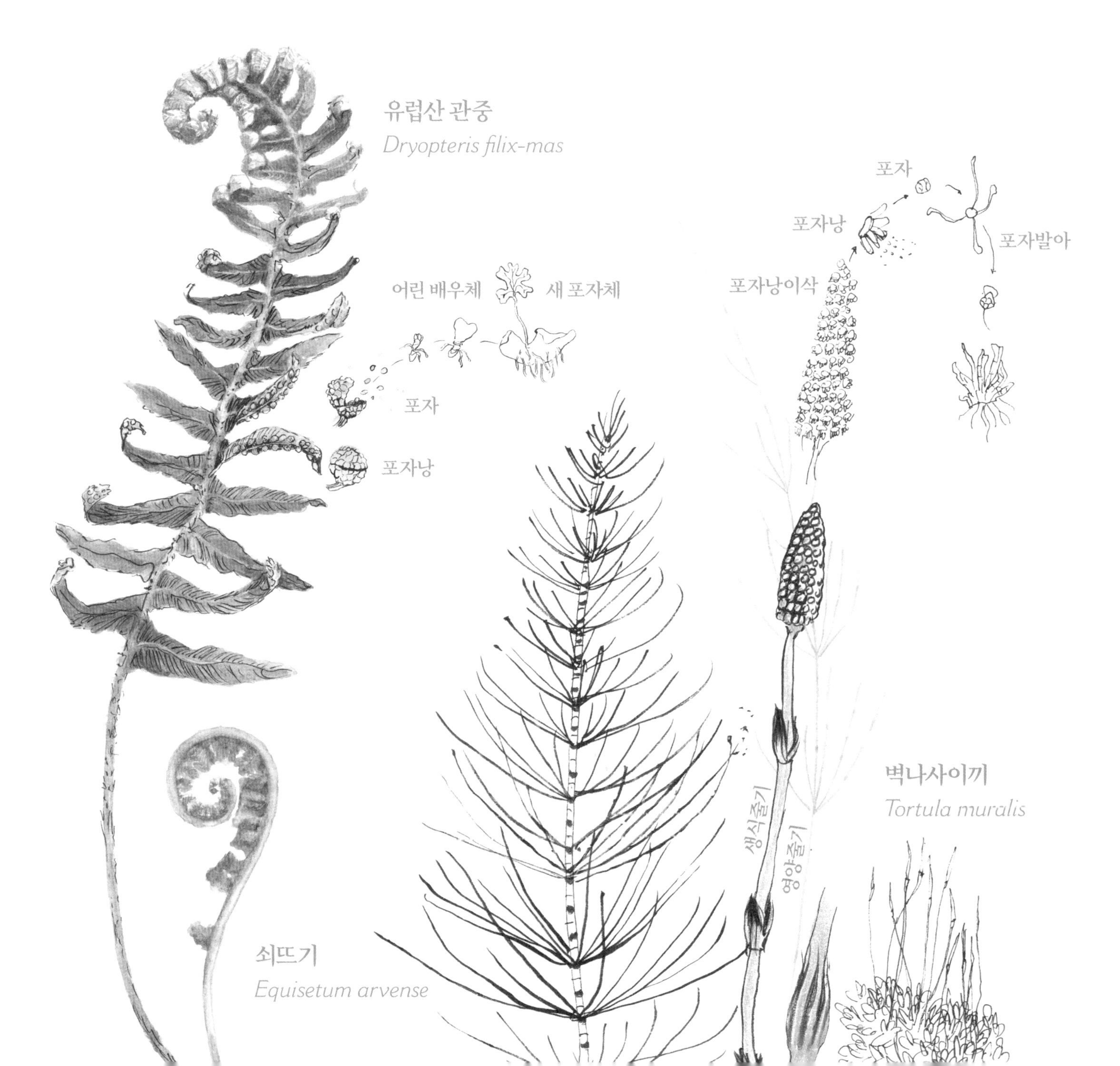

씨앗에서 자라난 최초의 식물은 겉씨식물이었습니다. 겉씨식물의 학명 짐노스페름*gymnosperm*은 고대 그리스어로 '벌거숭이'를 의미하는 짐노스*gymnós*와 '종자'를 의미하는 스페르마*spèrma*가 합해진 단어입니다.

대표적인 겉씨식물로는 노간주나무, 소나무, 삼나무, 낙엽송, 편백나무, 세쿼이아 등이 있습니다. 겉씨식물 씨앗은 솔방울처럼 구과 열매의 나무 비늘 사이사이에 숨어서 존재합니다.

겉씨식물에 속하는 식물은 약 800종이며 주로 나무(목본)입니다.

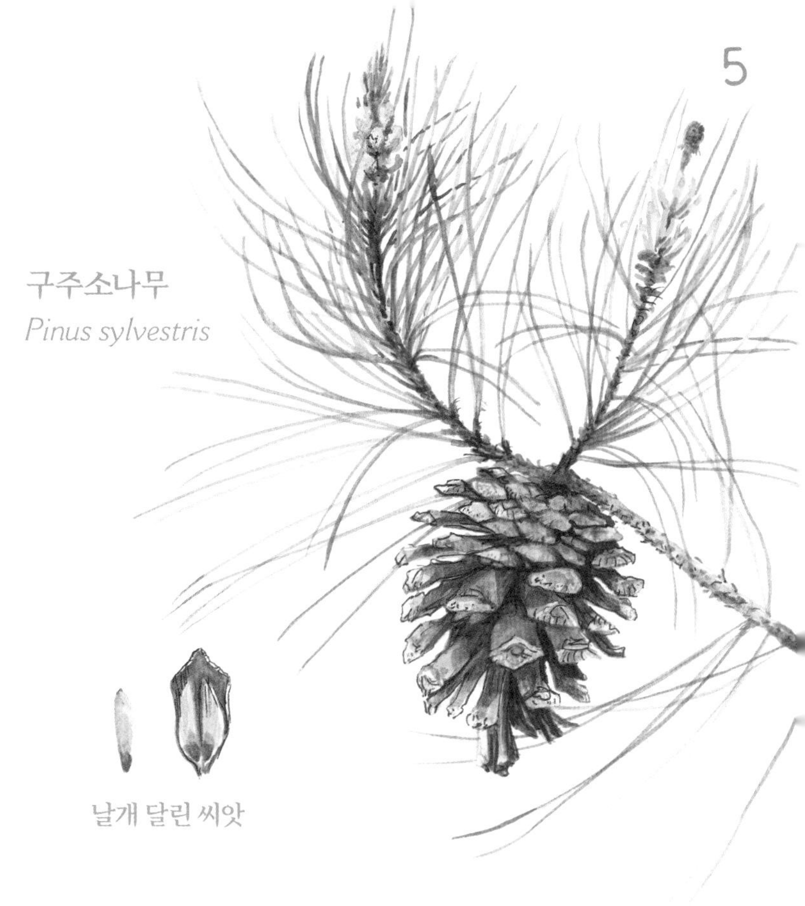

구주소나무
Pinus sylvestris

날개 달린 씨앗

사과나무
Malus domestica

속씨식물은 지금으로부터 약 2억 년 전에 등장합니다. 속씨식물의 학명 안지오스페름*angiosperm*은 '화분, 그릇'을 뜻하는 고대 그리스어 안게이온*angheion*과 '종자'를 뜻하는 스페르마*spèrma*가 결합된 단어입니다.

속씨식물은 씨방 속에 있는 밑씨에서 씨앗을 만드는데, 이 씨앗이 여물면 열매가 됩니다.

지구상에 존재하는 대부분의 식물은 속씨식물이며 거대한 나무부터 작은 풀까지 그 종류가 약 25만 종에 이릅니다.

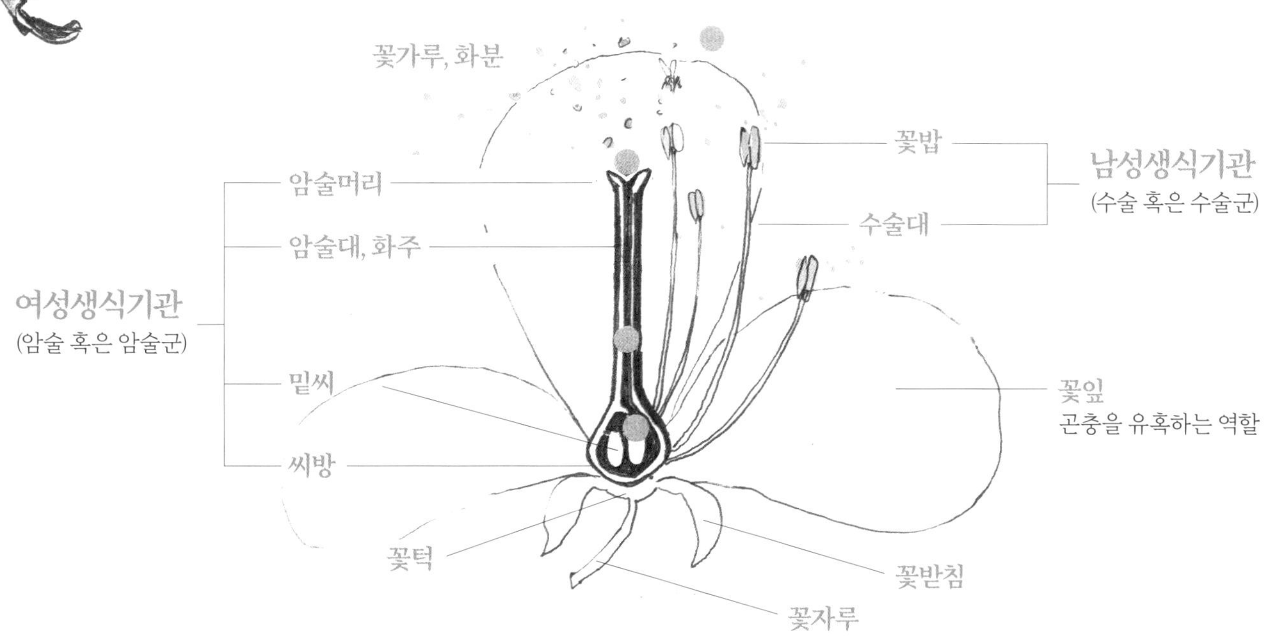

액과

수분 함량이 높은 다육질 과일이다.

핵과

외과피, 육질, 단단한 내과피가 있고 그 안에 1~2개의 씨앗이 들어 있는 열매이다.

취과

다수의 핵과가 모여 있는 형태의 열매이다.

밀감상과

감귤류의 열매.

장과

씨껍질이 없는 다육과로 대부분 열매 크기가 크다. 대추야자처럼 씨앗이 하나만 있는 단육과와 토마토처럼 씨앗이 많은 다육과가 있다.

은두꽃차례

무화과나무의 꽃차례. 꽃턱 안에 자라난 미세한 암꽃과 수꽃이 무화과 열매의 작은 구멍을 통해 밖으로 흩어진다.

이과

전형적인 가짜 열매. 씨방 대신 꽃턱에 과육이 많아지고 비대해지면서 열매처럼 보인다.

장미과

씨방 대신 꽃턱에 과육이 많아지고 비대해지면서 열매처럼 보이는 가짜 열매이다.

수과

딸기의 열매는 붉은색 과육이 아닌 겉면의 작고 노란 수과이다. 이 안에 하나의 씨가 들어 있다.

건과

익으면 과피가 마르는 과실로 수분 함량이 낮다. 종자 산포 형식에 따라 다시 열과와 폐과로 구분된다.

열과는 열매가 영글면 과피가 갈라지면서 종자를 산포하는 식물이다.

골돌과

하나의 봉합선을 따라 과피가 벌어지는 건과의 일종으로 2개 혹은 그 이상의 씨앗이 들어 있다.

삭과

열매 속이 여러 칸으로 나누어져 있고 각 칸에 다수의 씨앗이 들어 있는 구조로, 열매가 영그는 과정에서 씨앗이 땅에 떨어진다.

단각과

익으면 벌어지면서 씨를 방출하며 심피(암술을 구성하는 부분)가 2개이다.

협과

씨앗이 영글면 깍지가 양 옆으로 벌어져 속에 들어 있던 씨앗이 땅에 떨어진다.

장각과

익으면 벌어지면서 씨를 방출하는 마른 열매이다.

폐과는 열매가 영글어도 과피가 열리지 않고, 종자와 열매를 함께 산포하는 식물이다.

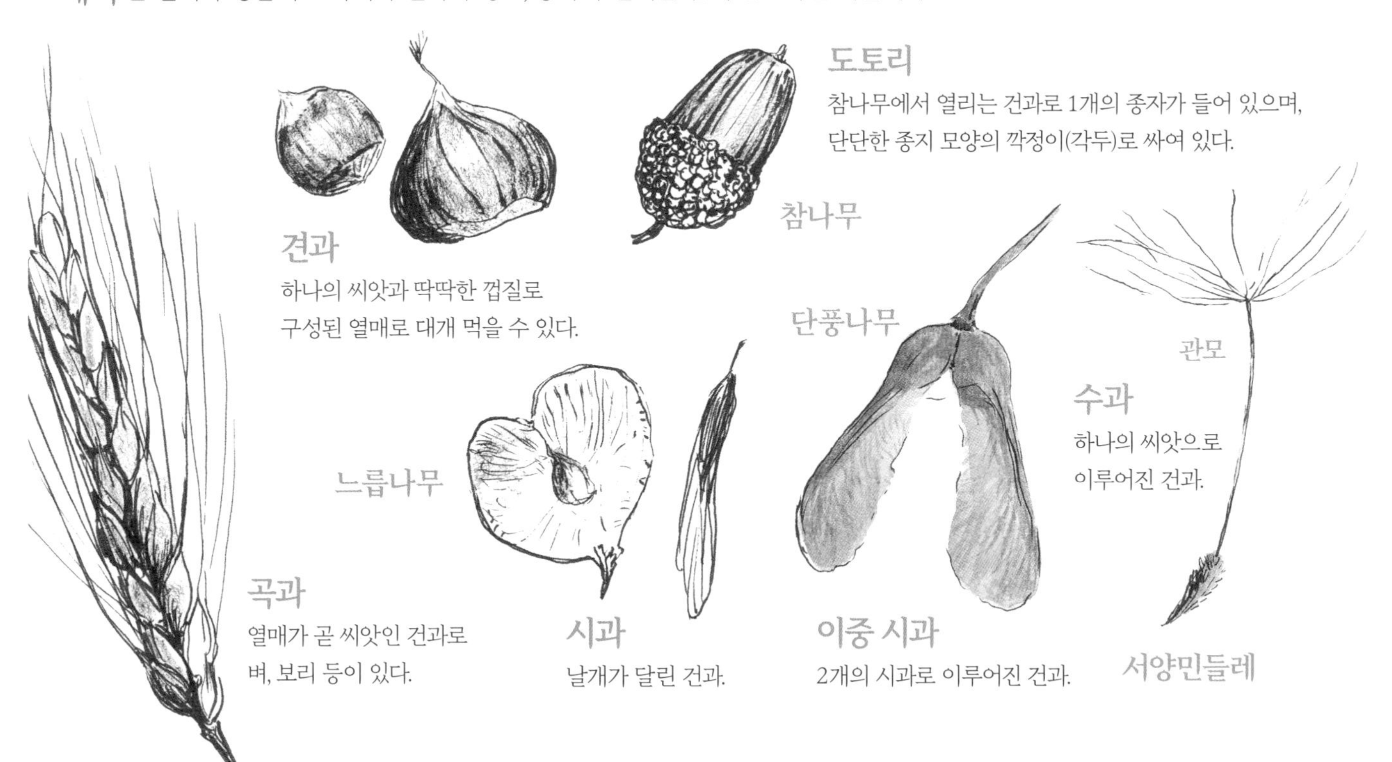

도토리

참나무에서 열리는 건과로 1개의 종자가 들어 있으며, 단단한 종지 모양의 깍정이(각두)로 싸여 있다.

견과

하나의 씨앗과 딱딱한 껍질로 구성된 열매로 대개 먹을 수 있다.

수과

하나의 씨앗으로 이루어진 건과.

곡과

열매가 곧 씨앗인 건과로 벼, 보리 등이 있다.

시과

날개가 달린 건과.

이중 시과

2개의 시과로 이루어진 건과.

생물 다양성

다양한 생명체의 근원인 씨앗은 우리의 터전인 지구라는 행성을 특별하게 만듭니다. 씨앗의 세계를 탐구하는 여정은 흙 한 줌에서 피어난 한 떨기 꽃에서 시작하여 생명의 진정한 의미에 도달합니다.

8쪽에 그려진 그림에서 몇 종류의 식물이 보이시나요. 이들은 각각 다른 씨앗에서 싹이 터 자라난 식물입니다. 그림 속에는 곤충도 보입니다. 또 보이진 않아도 식물들이 뿌리내린 흙 속에 지렁이와 같은 수많은 생물이 살아갑니다.

지구는 거대한 흙덩어리라고도 말할 수 있습니다. 이곳은 셀 수 없이 많은 꽃과 식물뿐만 아니라 인간을 포함한 동물과 눈에 보이지 않는 미생물의 터전입니다.

모든 생명체는 다채로운 유전자의 조합으로 탄생하고 숲, 들판, 사막, 호수, 바다 등 다양한 환경에서 살아갑니다. 이 경이로운 다양성은 지구에 사는 모든 생명체의 존재, 균형, 삶의 질을 지켜주는 대단히 중요한 요소입니다.

인간을 포함한 수많은 생물종과 자연 생태계가 전염병, 기후변화, 자연재해와 같은 역경과 변화를 이겨내고 존재할 수 있는 것도 다양성 덕분입니다. 이를 우리는 자연 선택(natural selection)이라고 말합니다.

생물학자이자 인류학자이며 진화론 창시자인 찰스 다윈은 "자연 선택이란 가장 강하고 똑똑한 종이 아니라 변화에 능동적으로 반응하는 종이 살아남는 원리"라고 했습니다.

오늘날 우리를 둘러싼 자연환경은 지금까지 수백만 년에 걸쳐 변화했고, 앞으로도 끊임없이 변화하는 진화의 과정 중에 있습니다. 따라서 오랜 시간이 흐르는 동안 식물 역시 변화하는 자연환경에 맞춰 항상 새로운 생존 전략을 짜왔습니다. 이러한 전략은 때로는 성공하고, 때로는 실패했죠. 어떤 식물은 수백만 년 이상 살아남았고, 어떤 식물은 얼마 지나지 않아 지구에서 자취를 감췄습니다. 우리는 지금까지 지구상에 얼마나 많은 동식물이 존재했는지 정확히 알 수 없습니다. 지금 이 순간에도 새로운 생명체가 발견되고 있기 때문입니다.

씨앗은 생물 다양성의 완벽한 상징입니다. 씨앗이 환경에 적응하는 방법은 무궁무진하고, 씨앗에서 자라난 식물 가운데 똑같은 것은 하나도 없습니다. 씨앗의 특징을 연구하고 관찰하다 보면, 자연과 생명체가 어떻게 상호작용을 하는지 배울 수 있습니다.

모든 씨앗에는 저마다의 이야기가 담겨 있고 그것은 대개 식물 이름에 농축되어 있습니다. 식물 이름에는 오랜 세월 동안 식물을 관찰하고, 수집하고, 설명하고, 분류한 학자들의 연구 결과가 녹아 있기 때문입니다.

이 책에는 식물의 라틴어 학명과 보통명을 함께 표기했습니다. 학명은 세계 공통으로 사용되고 보통명은 국가별 언어에 따라 다릅니다.

책 속에서 흑백으로 표현된 삽화는 작은 씨앗을 주사전자현미경으로 확대한 모습을 바탕으로 그린 그림입니다. 씨앗 삽화 옆에 실제 크기를 적어두었지만 같은 식물이라도 씨앗의 크기는 일정하지 않습니다.

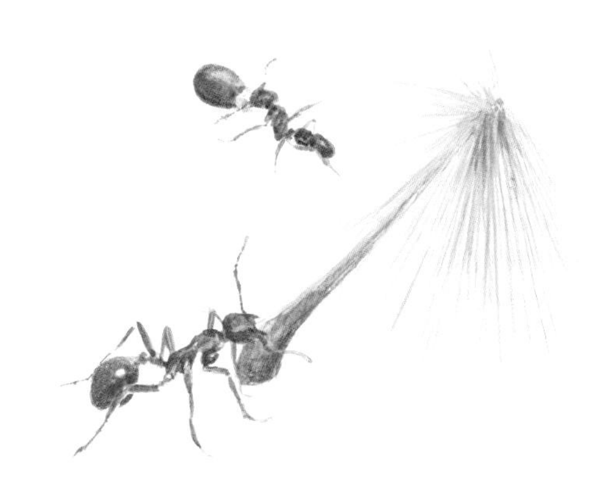

꽃가루의 여행

씨앗은 식물의 가장 정교하고 중요한 기관입니다. 씨앗이 없으면 식물은 번식할 수 없습니다. 수술의 꽃가루와 암술이 만나는 것을 수분 혹은 가루받이라고 하는데 이 과정을 통해 밑씨가 꽃 안에서 씨앗으로 성장합니다.

수분은 무언가가 꽃에서 다른 꽃으로 꽃가루를 옮겨야 일어날 수 있습니다. 꽃과 꽃을 오가는 일은 바람이나 물 같은 기후적 요인으로 일어나기도 하고, 곤충을 포함한 크고 작은 동물이 맡기도 합니다. 새나 포유류도 꽃가루를 운반하지만 대부분의 식물은 벌과 같은 곤충의 도움을 받습니다. 이처럼 곤충을 매개로 이루어지는 수분을 충매(虫媒, entomophily)라고 합니다.

자연의 모든 요소는 서로 연결되어 있기에 모든 생물은 함께 살아가며 균형을 이룹니다. 그중에서도 꽃과 곤충은 서로 협력하는 상생의 완벽한 예입니다. 꽃은 아름다운 빛깔과 모양과 달콤한 향기로 곤충을 유혹하고 또 곤충이 꽃가루를 운반해주는 대가로 꿀을 제공하죠.

신기한 것은 꽃의 모양에 따라 꽃가루를 운반하는 곤충이나 동물이 다르다는 점입니다. 예를 들면 몸집이 커다란 곤충은 관처럼 좁은 모양의 꽃 수분에는 적합하지 않습니다. 하지만 크리스마스 로즈라고도 불리는 헬레보루스 니게르처럼 꽃잎이 '열린' 형태인 식물은 그보다 다양한 운반자를 부를 수 있습니다.

또 어떤 꽃은 꽃가루를 운반하는 곤충이나 동물이 다가오는 소리에 반응해 꿀을 만들기 시작합니다. 달맞이꽃은 곤충이 앵앵거리는 날갯짓 소리에 꿀을 만듭니다. 식물과 곤충이 서로 반응하는 이 놀라운 현상을 공생관계(mutualism)라고 하는데, 인간 사이의 우정과 무척 닮은 것 같습니다.

헬레보루스 니게르
Helleborus niger

위 그림의 흰색 난은 다윈난초라고 불리며 학명은 앙그라이쿰 세스퀴페달레입니다.

찰스 다윈의 이름을 딴 다윈난초에는 재미있는 일화가 있습니다. 1862년 이 난을 선물 받은 다윈은 30센티미터나 되는 가느다란 관이 꽃받침부터 꿀샘까지 연결된 것을 신기하게 생각했습니다. 오랫동안 난을 연구한 다윈은 난이 꽃가루를 운반하는 곤충을 유혹하기 위해 온갖 기발한 방법을 동원한다는 사실을 알고 있었죠. 그래서 분명 이 꽃의 꿀샘에서 꿀을 빨아들일 정도로 길고 가는 주둥이를 가진 곤충이 있을 거라 믿었습니다.

안타깝게도 다윈은 생전에 자신의 가설을 증명하지 못했지만, 그가 사망한 지 50년이 지나 두 곤충학자가 가설에 딱 맞는 곤충을 찾아냅니다. 바로 다윈난초의 꽃처럼 주둥이가 기다란 크산토판박각시나방입니다. 이 나방의 학명은 크산토판 모르가니 프리에딕타로, 나방의 존재를 예측했던 다윈을 기리는 마음을 담아 '예측하다'는 뜻의 '프리에딕타'라는 단어가 붙었습니다.

다윈난초와 크산토판박각시나방은 오랜 세월 동안 서로에게 적응하고 진화하며 각자의 생존을 위해 협력합니다. 이처럼 대개 식물과 동물로 짝지어진 두 생물종이 밀접한 관계를 맺고 공생하는 것을 '함께 진화한다'라는 뜻으로 공진화(共進化, coevolution)라고 부릅니다.

곤충만 식물의 수분을 돕는 건 아닙니다. 새, 박쥐, 도마뱀과 일부 포유류도 꽃가루를 운반하는데, 이처럼 동물을 매개로 하는 수분을 동물매(動物媒, zoophily)라고 합니다.

나그네나무라고도 불리는 부채파초의 꽃가루를 운반하는 동물은 흑백목도리여우원숭이입니다. 부채파초의 꽃은 매우 크고 질긴 잎사귀 사이에 숨어 있어서 여우원숭이처럼 몸집이 큰 동물이 아니면 꿀을 얻기 쉽지 않습니다. 놀랍게도 부채파초는 커다란 동물이 만족할 정도로 많은 양의 꿀을 만들어냅니다.

흑백목도리여우원숭이는 윤기가 자르르 흐르는 흑백 털을 지녔고, 부채파초도 그에 못지않은 우아한 자태를 자랑하기에, 마치 서로의 아름다움에 이끌리는 듯합니다.

남아프리카가 원산지인 프로테아 후미플로라는 작은 쥐를 매개로 수분을 합니다. 쥐들은 꽃이 뿜어내는 강한 냄새에 이끌려 꽃가루를 옮기고, 그 대가로 달콤한 꿀을 실컷 먹습니다.

역시 남아프리카가 원산지인 레우코스페르뭄도 새에게 꿀을 제공하고 수분을 합니다. 부리가 길고 가는 새도 꽃꿀이라면 사족을 못 쓰나 봅니다. 또한 이 식물은 개미의 도움으로 씨앗을 널리 퍼트리기도 합니다. 혹여나 화재로 땅 위의 식물이 소실되어도 개미가 옮긴 씨앗 일부가 다시 땅속에서 싹을 틔웁니다.

아프리카 동부의 모리셔스 섬에는 안타깝게도 멸종 위기에 처한 로우세아 심플렉스라는 희귀 덩굴 식물이 있습니다. 모양이 아름답고 꿀도 많은 이 꽃은 꽃가루 수분과 종자 산포를 오롯이 파랑꼬리낮도마뱀붙이에게만 의존합니다. 이렇게 단 한 종의 동물에게만 개체 번식을 의지하는 것은 위험합니다. 이 도마뱀이 멸종하면 로우세아 심플렉스도 함께 멸종할 테니까요.

식물 수분은 자연의 신비를 보여주는 매력적인 현상이자, 인간을 포함한 지구촌 생명과 생태계 보호에 매우 중요한 현상입니다.

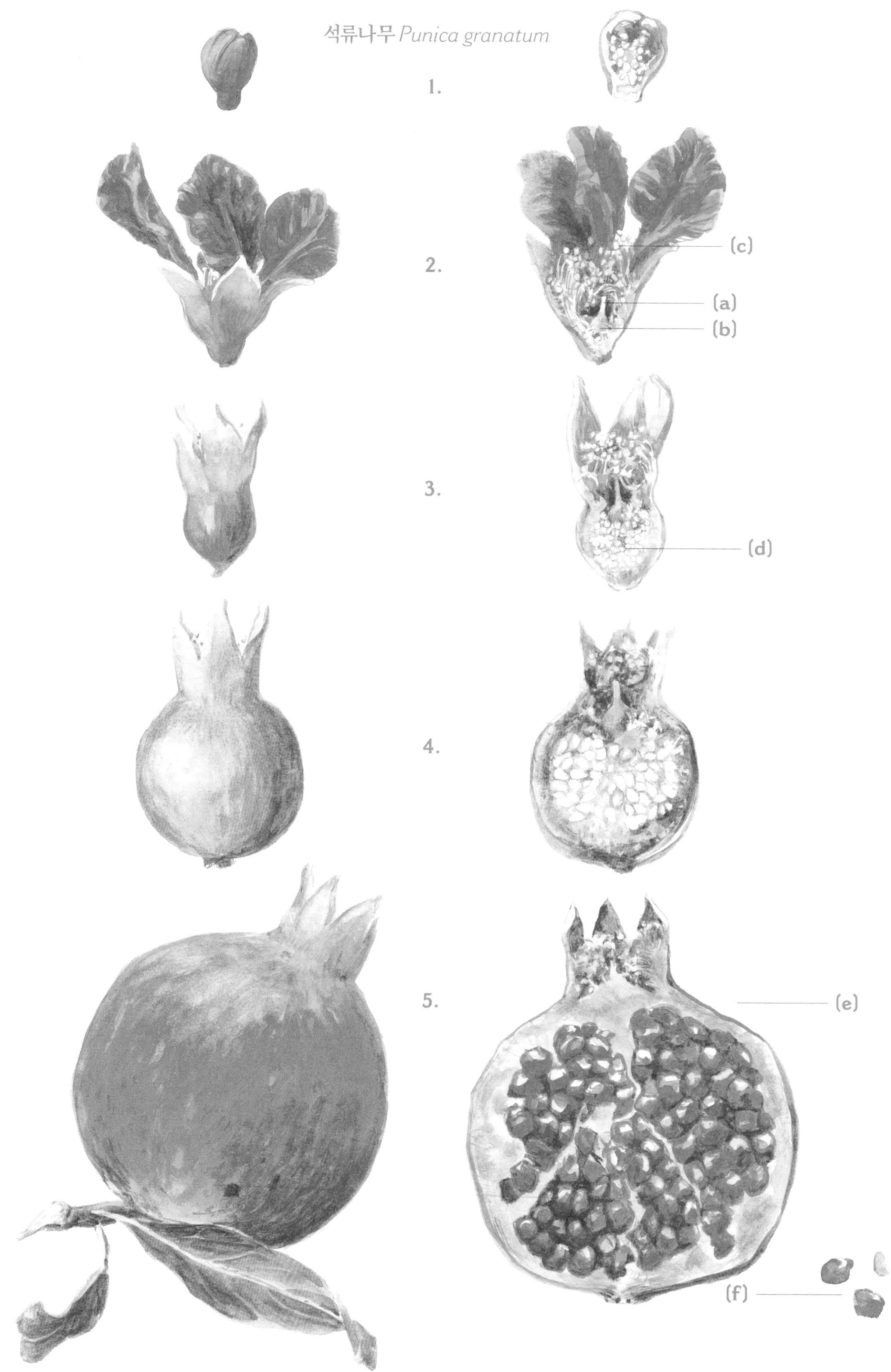
석류나무 Punica granatum
1.
2.
(c)
(a)
(b)
3.
(d)
4.
5.
(e)
(f)

새에 의한 수분을 조매(鳥媒, ornithophily)라고 하는데, 대표적인 예로 벌새를 들 수 있습니다. 벌새는 몸무게가 2~20그램에 불과한, 세계에서 가장 작은 새입니다. 자그마한 몸으로 빠르게 날갯짓하는 모습은 놀라울 따름이죠. 특히 벌새는 다른 새들과 달리 앞뒤는 물론 모든 방향으로 날 수 있습니다. 그토록 여러 방향으로 빠르게 움직이기 위해 벌새는 매일 꽃 60송이 분량의 꿀을 먹어야 합니다.

벌새는 먼저 길고 가는 부리로 꽃 안에 든 꿀의 양을 가늠하여 꿀을 빨아들일 꽃을 고릅니다. 특히 붉은 계열의 색을 좋아해서 통 모양 꽃부리를 가진 꽃 중에서도 주황색, 분홍색, 붉은색 꽃을 선호합니다.

왼쪽 그림은 석류꽃의 수분과 수정 과정입니다.

1. 채 여물지 않은 꽃봉오리에도 이미 꽃의 모든 기관이 담겨 있습니다.

2. 꽃이 피면 벌이 날아와 씨방(b) 가장 바깥 부분인 암술(a)에 앉습니다. 이때 벌의 몸에 묻은 다른 꽃의 꽃가루가 암술에 묻고, 동시에 벌에게는 이 꽃의 수술 가루가 달라붙죠. 꽃가루는 이런 식으로 운반됩니다.

3. 벌이 묻힌 꽃가루, 즉 화분립(c)이 꽃가루관을 통해 배주(d)와 융합하는 과정을 수정이라고 합니다.

4. 배주는 수정을 마치고 자라나 씨앗이 되고, 씨방이 커져서 열매(e)가 됩니다.

5. 다 자란 석류 열매 안에는 최대 500개의 씨앗이 들어 있는데, 이 씨앗들은 씨를 감싸는 특수한 껍질인 가종피(f)라는 불그스름한 과육으로 둘러싸여 있습니다. 열매가 완전히 익으면 쪼개지면서 씨앗이 떨어지는데, 새들에게 이 씨앗은 그야말로 별미입니다.

다른 많은 식물처럼 석류도 암수 교차수정(cross fertilization)을 하며, 열매 하나에 많은 씨앗이 들어 있어 풍요의 상징으로 여겨집니다. 석류는 원산지인 이란에서 고대 카르타고인에 의해 지중해 지역에 분포되었습니다. 생물 분류법을 만든 식물학자 칼 폰 린네는 이러한 역사 배경을 반영해 석류나무의 학명을 푸니카 그라나툼이라고 지었습니다. 라틴어로 푸니카는 '카르타고의'라는 의미고, 그라나툼은 '씨앗이 있다'는 뜻입니다.

열매, 씨앗의 집

열매는 씨앗이 세상으로 무사히 흩어질 때까지 지켜 주는 씨앗의 집입니다. 보통 열매라고 하면 사과, 오렌지, 복숭아, 앵두처럼 먹을 수 있는 과일을 떠올리죠. 하지만 열매의 종류는 무척 많고 그에 따라 씨앗이 퍼지는 산포 방식도 다양합니다. 바람이나 물에 의해 산포되는 씨앗이 있는가 하면, 동물에 의해 산포되는 씨앗도 있습니다. 엄마 식물에서 저절로 떨어져 스스로 퍼지기도 하고, 영근 열매가 터지면서 멀리 튕겨 나가는 경우도 있습니다. 도토리처럼 씨앗과 열매가 분리되기 힘든 식물은 함께 산포되기도 합니다.

식물은 환경을 극복하기 위한 다양한 생존 전략을 세웠고 이를 통해 여러 조건 속에서도 씨앗의 생명을 오랫동안 보존할 수 있는 방식으로 진화했습니다.

실제 많은 씨앗은 오랜 기간 물이 없는 환경에서도 멀쩡한 상태를 유지할 수 있는데, 그것은 씨앗 스스로 엄마 식물에서 분리되기 전 수분을 완전히 배출하고 모든 생명 활동을 중지하기 때문입니다. 이런 씨앗을 저장성 종자라고 부릅니다.

이와 달리 난저장성 종자는 수분을 빼앗기면 생명력을 잃기 때문에 건조 상태로 오래 보관할 수 없습니다. 난저장성 종자는 적합한 환경을 접하면 바로 싹을 틔웁니다. 또한 열매가 크고 무거운 편이며 수분 함유율이 높습니다. 망고, 아보카도, 카카오, 차, 커피 같이 주로 열대 지역이나 아열대 지역에서 자라는 식물들이죠. 더불어 밤나무, 참나무, 가시칠엽수도 우리 주변에서 쉽게 찾아볼 수 있는 난저장성 종자식물입니다.

유럽밤나무
Castanea sativa

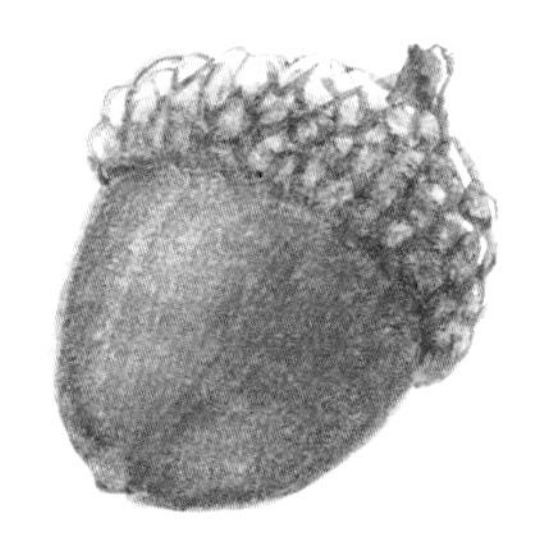

루브라참나무
Quercus rubra

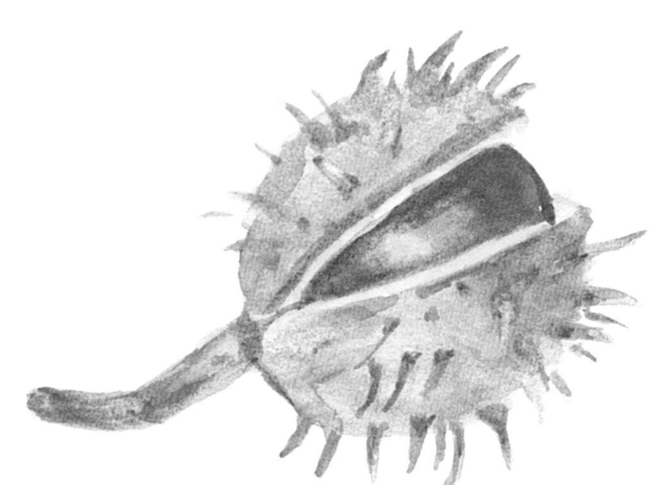

가시칠엽수, 미로니에
Aesculus hippocastanum

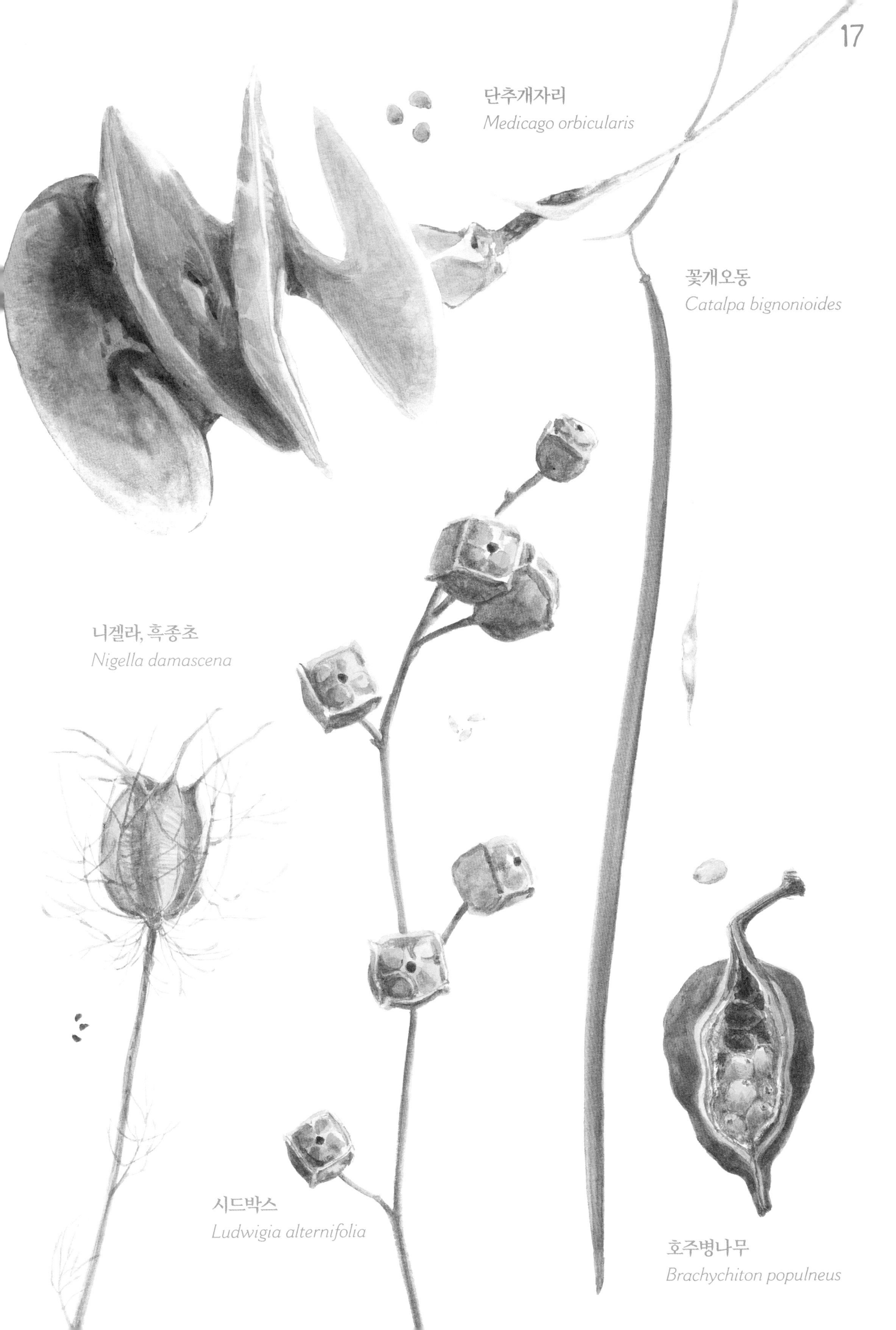
단추개자리
Medicago orbicularis
꽃개오동
Catalpa bignonioides
니겔라, 흑종초
Nigella damascena
시드박스
Ludwigia alternifolia
호주병나무
Brachychiton populneus

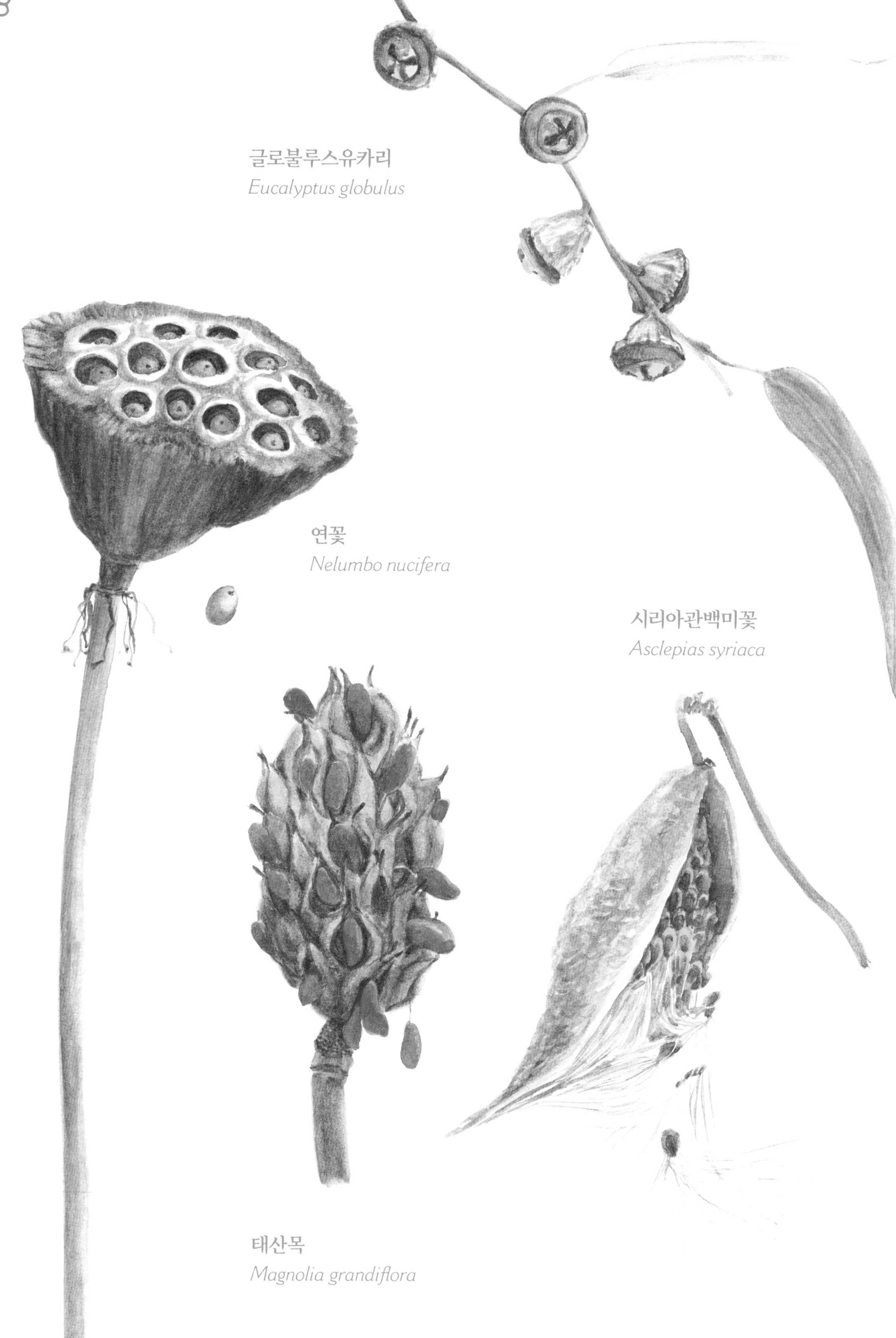
글로불루스유칼리
Eucalyptus globulus
연꽃
Nelumbo nucifera
시리아관백미꽃
Asclepias syriaca
태산목
Magnolia grandiflora

개양비귀
Papaver rhoeas

방크시아 멘지스
Banksia menziesii

아리스톨로키아 인디카
Aristolochia indica

처진병솔나무
Callistemon viminalis

인도어저귀
Abutilon indicum

바닐라
Vanilla planifolia

카카오
Theobroma cacao

씨앗의 여행

식물은 진화 과정에서 환경에 적응하기 위해 다양하고 기발한 전략을 세웠는데 그 핵심이 바로 씨앗입니다. 모험을 두려워하지 않는 용감무쌍한 씨앗은 고향에서 멀리 떨어진, 척박하기 이를 데 없는 환경에서도 놀라운 적응력으로 싹을 틔웁니다. 원산지와 먼 장소에서 같은 종류의 식물이 발견되는 이유입니다.

씨앗은 바람(풍매산포)이나 바다, 강, 호수의 물(수매산포), 동물(동물매개산포) 같은 외부 매개체의 도움으로 작고 날렵한 우주선이 되어 멀리 날아갑니다. 또 어떤 식물은 스스로 종자를 산포하기도 합니다(자가산포). 이런 씨앗은 때가 되면 자연스레 엄마 식물에서 땅으로 떨어져 흩어지기도 하고, 씨앗을 담은 열매가 폭발하듯 파열할 때 그 힘으로 멀리 날아가기도 합니다(폭발산포).

적합한 시기, 적당한 장소에 떨어진 씨앗은 싹을 틔웁니다. 서로 다른 꽃가루로 씨앗을 만들고 여러 환경에 적응하면서 식물은 유전적 다양성을 획득합니다.

식물이 사라진다면 지구는 척박한 사막으로 변화하고, 인간이 살 수 없는 곳이 될 것입니다. 식물은 인간이 숨 쉴 수 있는 산소를 공급하고, 음식이나 약재가 되기도 하죠. 특히 씨앗은 고대부터 인류의 중요한 영양 공급원이었습니다.

지금도 세계 인구의 절반은 쌀을 주식으로 합니다. 밀, 옥수수, 보리, 귀리, 호밀, 기장을 비롯해 강낭콩, 잠두콩, 완두콩, 렌틸콩 등의 곡물도 인류의 중요한 식량이죠. 후추, 육두구, 커민, 펜넬, 겨자, 바닐라 등의 씨앗은 향신료로 유용합니다. 또한 인간은 헤이즐넛, 잣, 호두, 아몬드 같은 견과류를 즐겨 먹고 카카오와 커피로 음료를 마시죠. 보리와 밀과 쌀로는 맥주를 만들어 먹습니다.

땅콩, 옥수수, 해바라기처럼 기름을 짜는 씨앗도 있습니다. 아몬드 기름은 피부에 좋아 화장품 재료로 사용되고, 아마씨 기름은 염료나 페인트 재료가 됩니다.

직물을 만드는 데 필요한 면을 추출하는 목화도 매우 중요한 씨앗입니다. 목화씨는 보드라운 털에 싸여 있는데 이것이 바로 솜입니다. 이 솜털 덕분에 목화씨는 바람에 의해 쉽게 산포될 뿐 아니라 방수가 되어 물에 빠져도 가라앉지 않고 널리 퍼집니다.

인간의 문명은 씨앗과 밀접하게 이어져 있습니다.

목화
Gossypium hirsutum

바람에 씨앗을 퍼트리는 식물

바람이 씨앗을 퍼트리는 걸 풍매산포라고 합니다. 개물통이, 난, 금어초처럼 씨앗이 바람에 날아갈 정도로 작고 가벼운 식물이 이용하는 방법입니다.

버드나무, 미루나무, 협죽도처럼 공중에 떠다니기 좋도록 씨앗에 털이 난 식물이 있는가 하면 민들레같이 씨앗에 낙하산 모양의 관모가 달린 식물도 있습니다. 이런 씨앗은 바람을 타고 날다 살포시 땅 위에 내려앉습니다.

열대식물 중에는 씨앗이 커다란 데도 풍매산포를 하는 식물이 있습니다. 비결은 씨앗의 몸집만큼 커다란 날개입니다. 바람을 타는 모습이 마치 곤충이나 작은 새가 나는 듯한데, 덩굴성 나무인 자바오이가 이런 씨앗입니다.

레오나르도 다빈치는 날개 모양의 단풍나무 씨앗을 보고 최초의 헬리콥터를 그렸다고 하죠. 이처럼 기존 생명체의 형태나 구조, 행동이나 기능을 모방해서 인간의 문제를 해결하는 것을 생물 모방이라고 합니다.

알베르트 아인슈타인의 말처럼 "인간이 그 무엇을 상상해도 그것은 이미 자연이 발명한 것"입니다.

협죽도
Nerium oleander

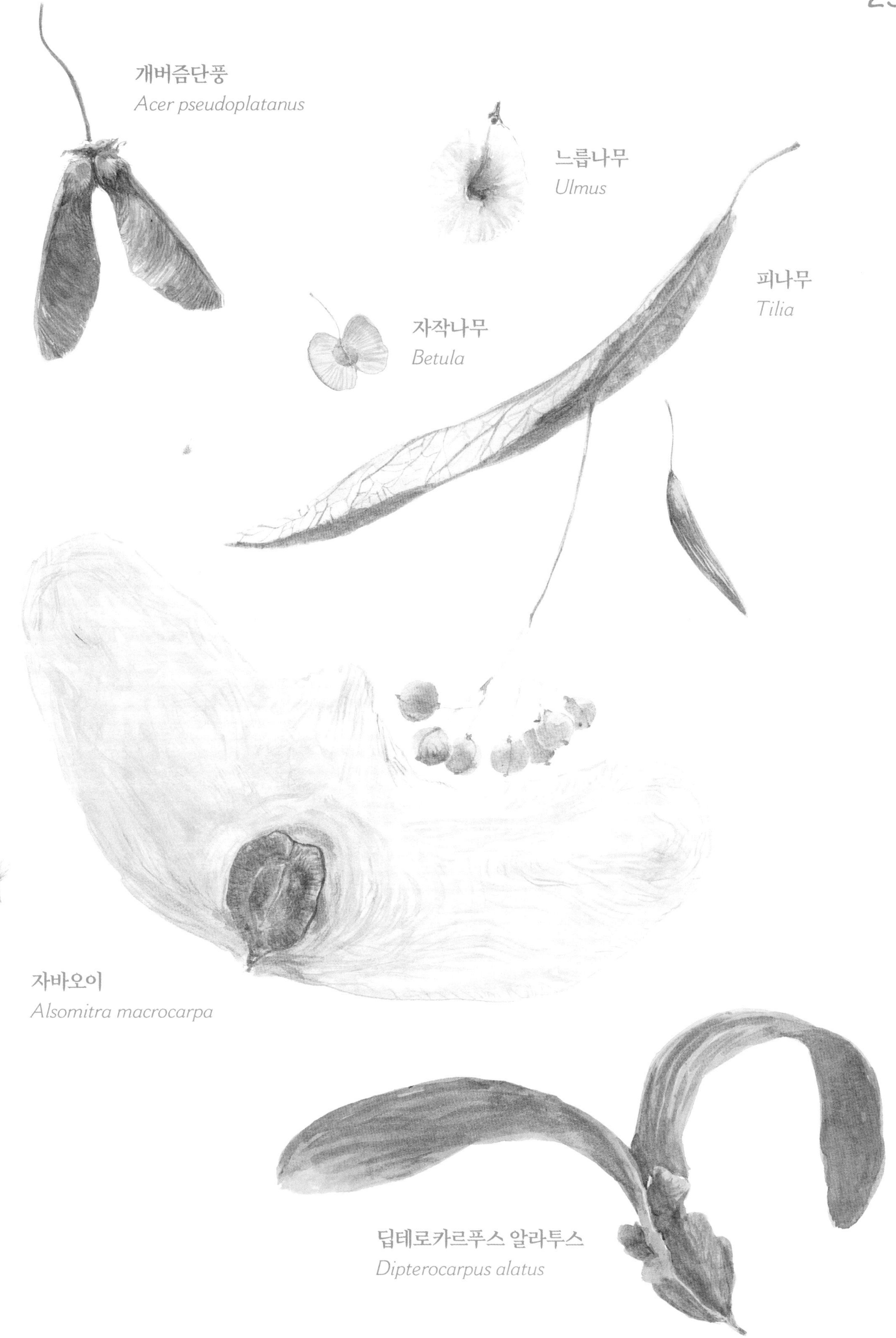
개버즘단풍
Acer pseudoplatanus
느릅나무
Ulmus
피나무
Tilia
자작나무
Betula
자바오이
Alsomitra macrocarpa
딥테로카르푸스 알라투스
Dipterocarpus alatus

가장 좋은 식물 공부 방법은 자세히 관찰하면서 최대한 많은 질문을 던지는 것입니다. 돋보기로 식물을 확대해 보면서 그림을 그리는 것도 좋은 방법이죠.

화려한 색상을 지닌 금어초의 꽃가루는 주로 몸집이 크고 무거운 뒤영벌이 운반합니다. 금어초 꽃봉오리가 살짝 닫혀 있어서 꽃잎을 헤치고 들어갈 수 있는 곤충이 많지 않기 때문입니다.

금어초 씨앗을 확대한 왼쪽 그림을 자세히 살펴볼까요. 울퉁불퉁하고 쭈글쭈글한 씨앗 표면은 어디든 틈이 있다면 달라붙기에 안성맞춤입니다. 실제로 길을 걷다가 높은 벽이나 종탑에 핀 금어초를 볼 수 있는 이유입니다.

씨앗 1,000개의 무게가 0.1그램에 불과한 금어초 씨앗은 씨앗 중에서도 특히 가벼운 편이라 바람에 실려 멀리멀리 날아갈 수 있습니다. 금어초 열매는 줄기를 따라 열리는데 얼핏 보면 마치 해골같습니다. 여문 씨앗이 열매 구멍을 통해 쏟아져 나올 때 손바닥에 대고 가볍게 흔들면 씨앗을 받을 수 있습니다. 하지만 주의해서 잡지 않으면 금세 바람에 날려 흩어지고 맙니다.

청보라색 꽃이 예쁜 치커리는 정화 작용이 뛰어나 예로부터 음식이나 약재로 쓰였죠. 치커리는 황무지, 버려진 공터, 도로의 중앙 분리대 같이 비교적 척박한 토양에서도 잘 자랍니다.

치커리의 경우처럼 사람들에게 버려지거나 방치된 장소도 생물 다양성을 보존하는 데 매우 중요한 역할을 합니다. 우리는 생물 다양성의 흔적을 먼 곳의 산과 강이 아니라 집 앞 텃밭이나 길가에서도 쉽게 찾을 수 있지요. 자연은 지칠 줄 모르고 정신없이 자신의 일을 합니다. 인간은 열매가 영글면 씨앗을 보관해두었다가 다시 공터에 심는 정도로 조금 거들 수 있습니다.

치커리는 여름에 꽃을 피우고 바람을 이용해 씨앗을 퍼뜨립니다. 보라색과 파란색 사이 어딘가에 있는 듯한 아름다운 빛깔의 치커리 꽃을 보고 있으면 절로 감탄이 나옵니다. 여러분도 수채화 물감으로 아름다운 치커리 꽃을 표현해보세요.

꽃대에 달린 꽃의 배열 또는 꽃이 피는 모양을 꽃차례라고 합니다. 서양민들레는 꽃차례가 수정된 그대로 수많은 씨앗을 품은 열매가 되죠. 민들레의 바싹 마른 수과 씨앗은 가벼운 바람에도 잘 날아다닐 정도로 가볍습니다. 씨앗에 붙은 하얀 깃털처럼 생긴 관모가 낙하산 역할을 해주는 덕분에 바람을 타고 날던 씨앗이 땅 위에 부드럽게 내려앉을 수 있습니다. 서양민들레는 입으로 불면 날아간다고 해서 '입김'이라 불리기도 하고, 이파리 모양 때문에 '사자의 이빨'이라는 별명도 가졌습니다.

서양민들레
Taraxacum officinale

델피니움 페레그리눔은 고대 로마 시대 의사인 디오스코리데스가 붙인 이름입니다. 그리스 출신인 그는 이 꽃의 봉오리가 돌고래를 닮았다고 생각해 그리스어로 돌고래를 뜻하는 델피니움이라는 단어를 썼습니다.

꽃봉오리가 길어서 나비처럼 주둥이가 기다란 곤충이나 동물 들만 꽃꿀을 빨아 먹을 수 있습니다. 이 꽃은 황홀할 정도로 아름답지만 독성이 있기 때문에 사람의 경우 먹는 것은 물론 만지는 것도 안 됩니다.

델피니움 페레그리눔 씨앗의 표면에는 비행을 도와주는 겹겹의 얇은 조각들이 있습니다. 그 모습이 흡사 현대적인 건축물처럼 보이는 이유는 실제로 많은 건축가가 이러한 자연의 형태에서 영감을 받기 때문입니다.

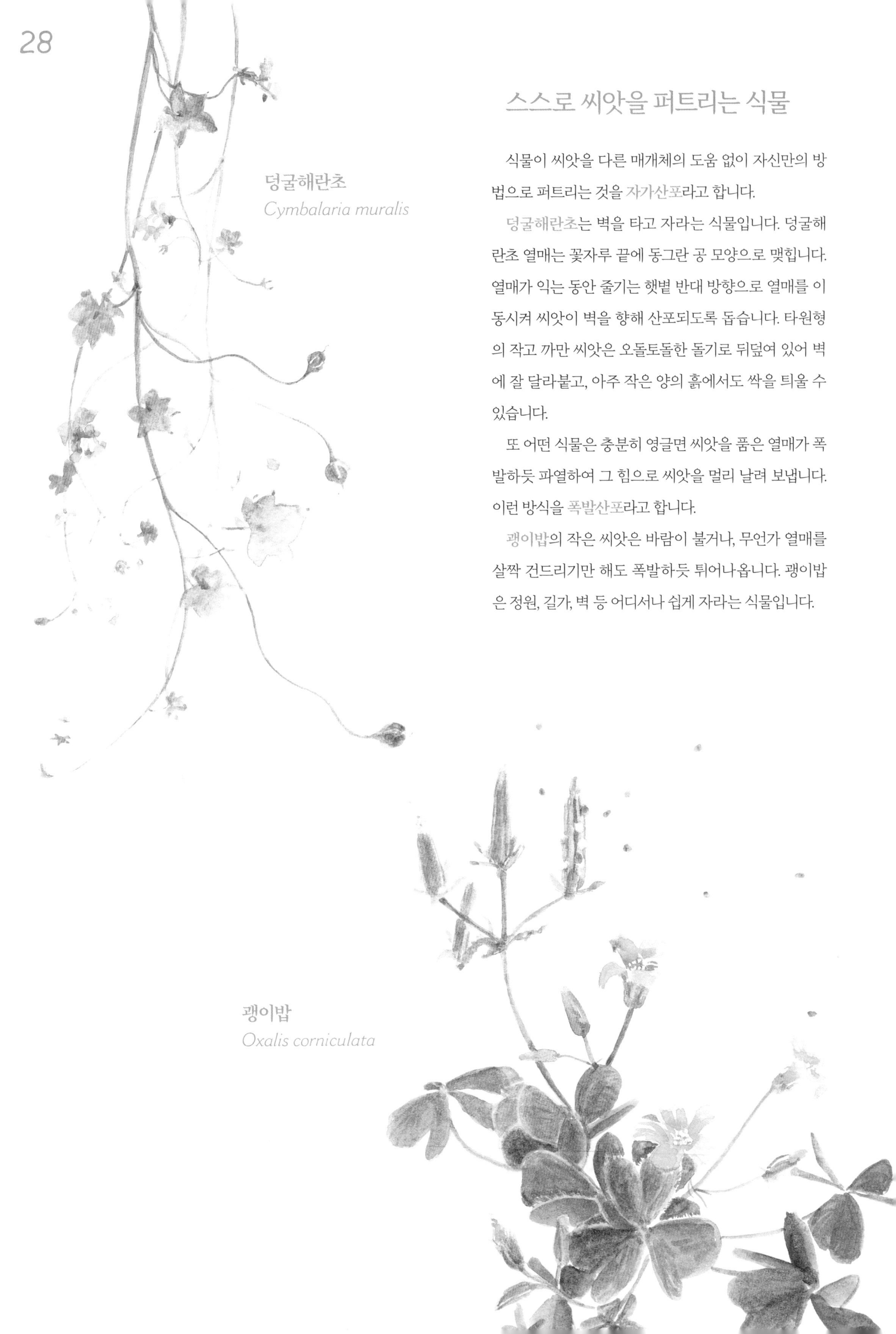

스스로 씨앗을 퍼트리는 식물

식물이 씨앗을 다른 매개체의 도움 없이 자신만의 방법으로 퍼트리는 것을 자가산포라고 합니다.

덩굴해란초는 벽을 타고 자라는 식물입니다. 덩굴해란초 열매는 꽃자루 끝에 동그란 공 모양으로 맺힙니다. 열매가 익는 동안 줄기는 햇볕 반대 방향으로 열매를 이동시켜 씨앗이 벽을 향해 산포되도록 돕습니다. 타원형의 작고 까만 씨앗은 오돌토돌한 돌기로 뒤덮여 있어 벽에 잘 달라붙고, 아주 작은 양의 흙에서도 싹을 틔울 수 있습니다.

또 어떤 식물은 충분히 영글면 씨앗을 품은 열매가 폭발하듯 파열하여 그 힘으로 씨앗을 멀리 날려 보냅니다. 이런 방식을 폭발산포라고 합니다.

괭이밥의 작은 씨앗은 바람이 불거나, 무언가 열매를 살짝 건드리기만 해도 폭발하듯 튀어나옵니다. 괭이밥은 정원, 길가, 벽 등 어디서나 쉽게 자라는 식물입니다.

덩굴해란초
Cymbalaria muralis

괭이밥
Oxalis corniculata

중국등나무 열매는 완전히 마르면 햇살만 닿아도 '톡' 소리와 함께 깍지가 둘로 벌어지면서 그 힘으로 씨를 멀리 튕겨냅니다.

폭발오이라고도 불리는 스쿼팅오이 역시 독특한 산포 방식으로 유명하죠. 영글면 열매가 꽃자루에서 분리되는데, 이 과정에서 씨앗과 과육이 열매에서 분수처럼 뿜어져 나오며 멀리 날아갑니다. 즙이 쓰고 독성이 있어서 독오이라는 별명도 지닌 이 식물은 겨울에도 비교적 따뜻한 지역의 들판이나 시골길에서 흔히 볼 수 있습니다.

식물은 언제나 씨앗을 가능한 멀리 보내 영토를 넓히려고 합니다. 가까이서 함께 자라는 같은 종의 식물들과 경쟁하지 않고 생존할 수 있는 확률을 높일 수 있기 때문입니다.

세열유럽쥐손이는 살짝만 건드려도 열매가 터지면서 씨앗이 몇 미터나 날아갑니다. 이 씨앗은 뾰족한 갈고리 모양 덕분에 동물 털에 달라붙어서 수 킬로미터 이상 이동할 수도 있습니다.

세열유럽쥐손이 씨앗은 스스로 땅을 파기도 합니다. 비결은 씨앗에 달린 가늘고 단단한 실입니다. 이 실은 낮 동안 햇빛을 받아 건조해지면 나사 모양으로 구불구불해졌다가, 습도가 높아지거나 비가 오면 다시 똑바로 펴집니다. 이렇게 수분 함유에 따라 실이 구불구불해졌다가 똑바로 펴지는 과정이 반복되면서 씨앗은 싹트기 알맞은 깊이까지 드릴처럼 땅을 파고 들어갑니다.

과학자들은 세열유럽쥐손이 씨앗에서 영감을 받아 에너지 소모를 최소화한 소형 우주 탐사 로봇을 만들었습니다. 또 다른 생물 모방 사례입니다.

실레네 불가리스
Silene vulgaris

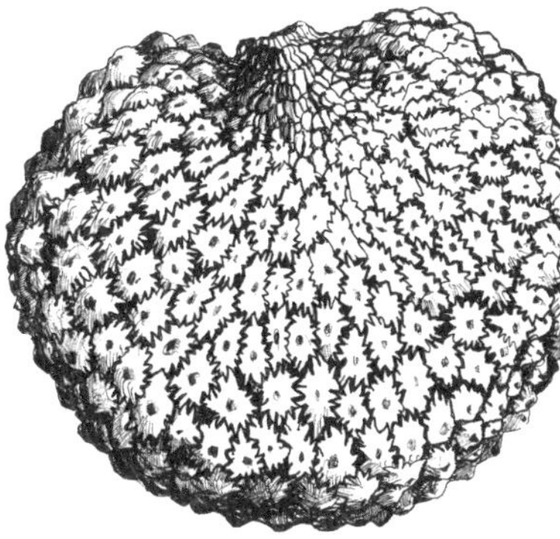

1~2mm

실레네 불가리스는 들판에서 자라는 흔한 식물로, 중력을 이용한 폭발산포 방식으로 씨앗을 퍼뜨립니다. 이 식물의 이름은 그리스 로마 신화에 등장하는 반인반수 실레노스에서 유래합니다. 옛 사람들은 실레네 불가리스의 꽃봉오리 모양이 마치 실레노스의 특징인 부풀어 오른 배와 비슷하다고 생각했기 때문이죠.

많은 곤충들이 실레네 불가리스의 꿀을 먹기 어려워하는 탓에 말벌 중 일부는 아예 꽃봉오리 아래 표면에 구멍을 뚫기도 합니다. 그렇지만 이 꽃은 밤에도 꽃잎이 열려 있어서 야행성인 나방에 의해 수분하기도 하지요.

한편 2007년 눈과 얼음으로 뒤덮인 시베리아의 툰드라에서 같은 실레네 속인 실레네 스테노필라*Silene stenophylla*의 씨앗이 발견됐습니다. 오래전 이 지역에서 살았던 다람쥐가 지하 굴에 저장해둔 것으로 분석 결과 무려 3만 년 전 씨앗이었죠. 러시아 과학자들은 여러 노력 끝에 씨앗을 살리는 데 성공하여 완벽한 꽃을 피우고 씨까지 거두었습니다.

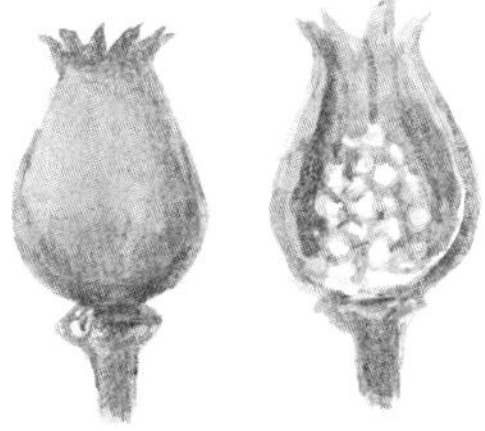

물에 씨앗을 흘려보내는 식물

수매산포는 씨앗을 강이나 호수, 바다에 흘려보내 산포하는 방식입니다. 실제로 바닷가에서 자라는 식물들은 바다에 씨앗을 떨어뜨리는데, 그중 야자열매는 엄청나게 크고 무겁지만 씨앗을 감싼 섬유질에 공기층이 있어 가라앉지 않습니다. 이처럼 야자열매의 구명조끼 역할을 하는 부분을 중과피라고 부릅니다. 중과피 덕분에 코코넛야자는 긴 항해를 견디고 육지에 도달해 싹을 틔울 수 있죠. 열대 야자수가 주로 해변이나 섬에 무성하게 자라는 이유도 바로 여기 있습니다.

세계에서 씨앗이 가장 큰 식물은 세이셸 야자 또는 코코 드 메르라 불리는 야자나무입니다. 이 식물의 씨앗은 여무는 데만 무려 6~7년이 걸리고, 무게 22킬로그램, 지름 50센티미터 정도로 크게 자라날 수 있습니다.

바다수선화는 지중해 모래사장에서 피어나는 꽃입니다. 여름에 개화하는 이 꽃은 어둠이 내리면 강한 꽃향기를 내뿜어 야행성 나비나 나방 같은 곤충을 유혹하죠. 바다수선화는 꽃 한 송이당 20여 개의 씨앗을 만듭니다. 이 씨앗은 깃털보다 가벼운 데다 공기를 담뿍 머금은 까맣고 폭신한 섬유질에 싸여 있어서 바람이나 물에 실려 멀리 이동할 수 있습니다. 짜디짠 바다에서도 가라앉을 걱정이 없도록 항해 준비를 완전히 마친 씨앗입니다.

왜개연꽃 씨앗도 작은 항아리 모양 덕분에 가라앉지 않고 강물을 따라 시속 80미터로 항해할 수 있습니다.

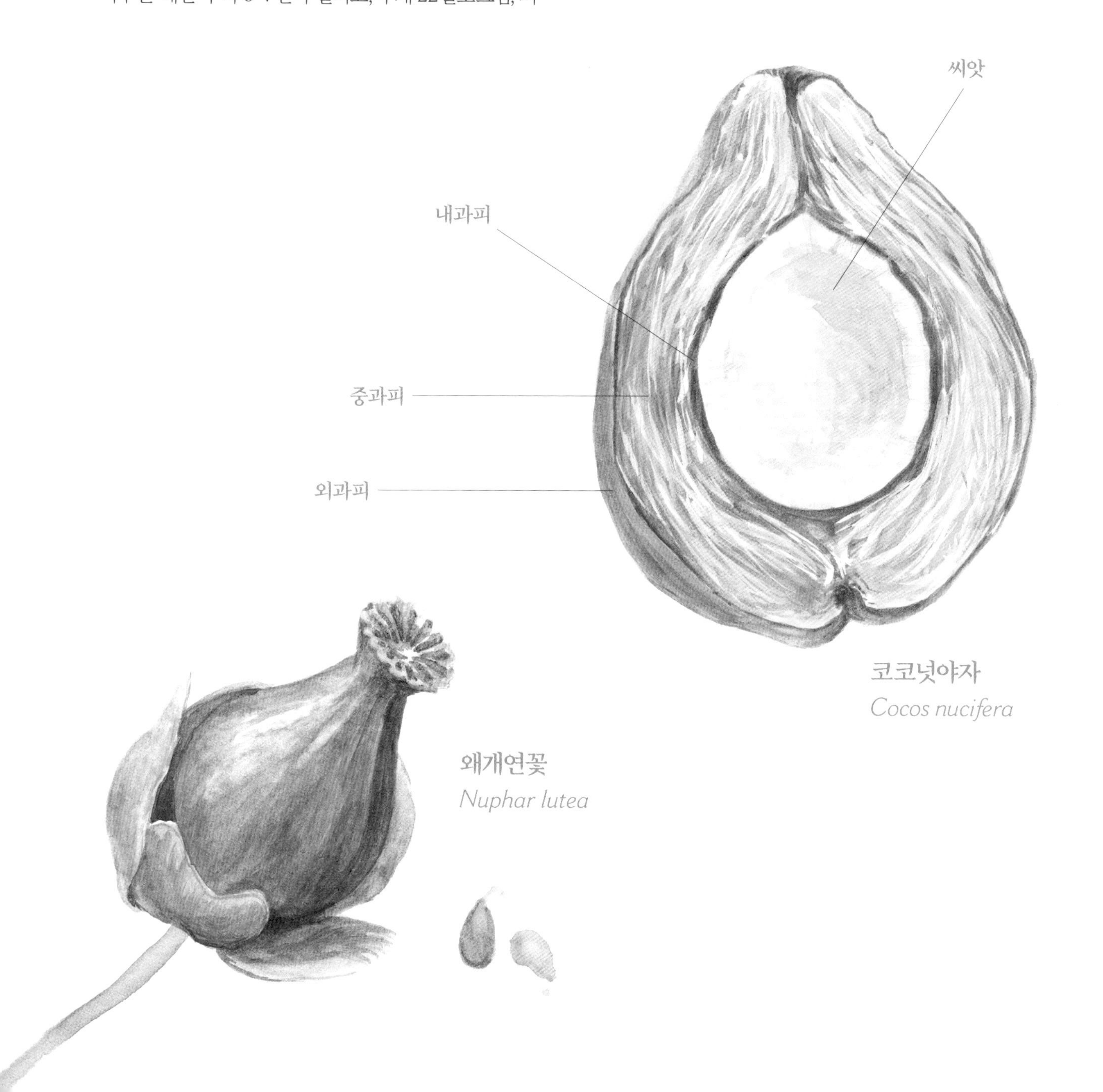

코코넛야자
Cocos nucifera

왜개연꽃
Nuphar lutea

바다수선화
Pancratium maritimum
문주란밤나방
Brithys crini pancratii

석류풀과에 속하는 글리누스 로토이데스는 땅을 덮으며 낮게 자라는 지피식물입니다. 잎과 꽃은 수수한 반면 씨앗 모양은 매우 독특합니다. 언뜻 보면 까만 강낭콩처럼 보이는 씨앗에 지방과 단백질이 포함된 달콤한 젤리 형태의 유질체가 붙어 있지요. 달콤한 것이라면 사족을 못 쓰는 개미들이 이를 집으로 가져가 결과적으로 파종을 돕는 역할을 합니다. 이 식물은 개미뿐만 아니라 물과 바람을 이용해서도 씨앗을 퍼뜨리기 때문에 다양한 지역에서 찾아볼 수 있습니다.

글리누스 로토이데스
Glinus lotoides

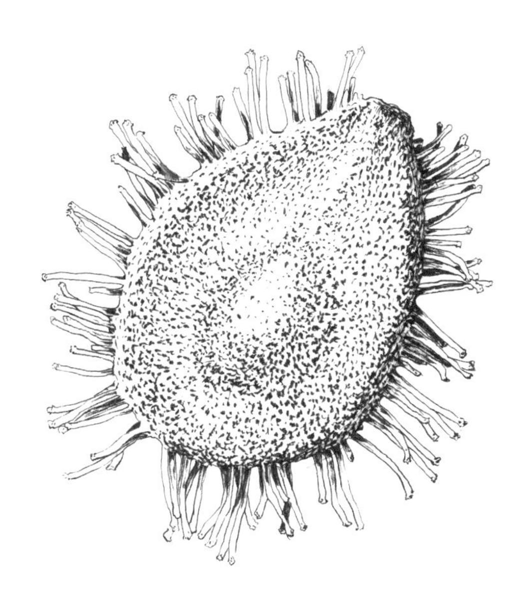

약 0.6mm

노랑어리연꽃
Nymphoides peltata

동물의 도움을 받는 식물

식물과 동물 간의 우정은 식물의 파종에 큰 도움을 줍니다. 동물의 힘을 빌려 씨앗을 퍼뜨리는 방법을 동물매개산포라고 부릅니다.

노랑어리연꽃은 연못이나 늪처럼 수심이 얕고 잔잔한 민물에서 자라는 대표적인 식물입니다. 잎사귀 모양이 동그랗고 지름이 약 10센티미터에 이를 정도로 상당히 커서 몸집이 작은 양서류의 안식처가 되기도 하죠. 노랑어리연꽃 씨앗은 테두리에 억센 잔털이 나 있어 검둥오리나 청둥오리처럼 물에서 서식하는 새의 깃털에 쉽게 달라붙습니다. 깃털에 붙은 씨앗 중 일부는 새가 다른 지역 물가로 이동하거나 털갈이를 할 때 깃털과 함께 떨어져 싹을 틔웁니다.

재배 당근의 친척뻘인 **산당근**은 어디서나 잘 자라는 식물로서 허브류의 다른 식물처럼 그리스 로마 시대부터 약재로 쓰였습니다.

산당근은 두해살이 식물로 두 번째 해에 5장의 꽃잎으로 이루어진 작고 새하얀 꽃을 피웁니다. 이 작은 꽃 여러 개가 파라솔 모양으로 조밀하게 모여 꽃송이 무리를 이루지요. 이런 형태의 꽃차례를 '산형화서'라고 부릅니다. 산당근 꽃송이 중앙에 검붉은 꽃처럼 보이는 건 수분을 돕는 곤충을 유혹하기 위한 일종의 위장입니다.

산당근 꽃은 환경이 건조하면 꽃잎을 닫아 공처럼 동그란 모양이 되고, 그와 동시에 열매가 열립니다. 이 열매는 씨앗과 하나로 봐야 할 정도로 씨앗에 거의 달라붙어 있습니다. 여기엔 작은 갈고리들이 많아서 동물 털이나 사람 옷에 잘 달라붙어 이동할 수 있죠. 이러한 특징 때문에 산당근 씨앗은 '히치하이커'라고도 불립니다..

산당근
Daucus carota

히치하이커 씨앗은 생각보다 많습니다. 갈퀴덩굴 씨앗도 한곳에서 기다리다 지나가는 동물의 털이나 깃털 등에 달라붙어 이동합니다.

우엉은 어디에나 달라붙는 특징 때문에 역사에 이름을 남기기도 했죠. 스위스 기술자 조르주 드 메스트랄은 산책 중 옷과 개털에 붙은 우엉 씨앗을 떼어내다 호기심이 생겨 현미경으로 씨앗을 관찰했습니다.

그는 우엉 씨앗에 달린 자그마한 갈퀴들이 털에 달라붙은 모습을 발견했고 그걸 본떠 한쪽에는 갈고리, 다른 한쪽에는 걸림 고리가 있어 서로 붙였다 떼었다 할 수 있는 직물인 벨크로(velcro, 찍찍이)를 발명합니다.

벨크로는 세계적인 발명품이 되어 지금까지 널리 사용되고 있습니다. 이 역시 생물 모방의 좋은 예입니다.

강아지풀도 흔한 히치하이커 식물입니다. 강아지풀은 벼목 가운데 한 과인 화본과로 이는 인간이 주식으로 삼는 많은 곡물이 포함된 매우 중요한 식물 과입니다.

현재 인간이 재배하는 곡물의 모습은 만 년 전 유목민이 최초로 발견한 곡물과 여러모로 많이 다릅니다. 당시에는 열매가 지금처럼 풍성하게 열리지도 않았고 알갱이도 아주 작았지요.

세월이 흐르면서 인간은 자연 상태의 곡물을 채집하는데 그치지 않고 직접 재배하기 시작합니다. 그러고는 수확량을 늘리기 위해 풍성한 이삭을 맺으면서도 줄기가 튼튼한 개체의 씨앗만 골라 심기 시작했죠. 이런 식으로 수백 수천 년의 선별 과정을 거치면서, 오늘날 재배되는 곡물은 과거와 매우 다른 모양으로 변했습니다.

우리는 고고학자들 덕분에 수천 년 전 식물의 씨앗을 발견하여, 과거 식물의 모양과 맛은 어떠했는지 추측할 수 있게 되었습니다. 실제로 2005년 두 명의 고고학자가 이스라엘 바사다 지역에서 2천 년 전의 대추야자 씨앗을 발굴하여 심었더니, 놀랍게도 싹을 틔워 열매까지 열렸다고 합니다. 심지어 무척 달았다고 하네요.

포트 메리골드는 지중해 원산의 한해살이 식물로, 주변 텃밭이나 화단에서 흔히 찾아볼 수 있는 식물입니다. 꽃 모양이 아름다울 뿐만 아니라 농사에 이로운 익충을 부르고 토양에서 발견되는 해충을 쫓아냅니다.

이 식물의 씨앗은 꽃 화관 중앙에 원형으로 조밀하게 모여 있는데, 주로 개미의 도움을 받아 씨앗을 산포하죠. 이러한 산포 방식을 개미매개분산이라고 합니다.

개미는 쉬지 않고 열심히 씨앗을 모으러 다닙니다. 아마 여러분도 씨앗을 전리품처럼 의기양양하게 나르는 개미들의 긴 행렬을 보신 적 있을 겁니다. 개미는 이러한 노동의 대가로 씨앗 표면에 묻은 달콤하고 영양가 높은 유질체 덩어리를 애벌레에게 먹입니다. 이후 개미굴 근처에 버려진 씨앗은 적당한 때가 왔을 때 싹을 틔웁니다.

포트 메리골드
Calendula officinalis

멋쟁이새
Pyrrhula pyrrhula

유럽당마가목
Sorbus aucuparia

남아프리카에 서식하는 은화살갈대는 쇠똥구리를 속여서 번식합니다. 포유류의 배설물을 먹고 사는 쇠똥구리는 배설물을 둥글게 빚어 경단처럼 만들고 그곳에 알을 낳습니다. 쇠똥구리는 힘이 세서 자신보다 크고 무거운 경단을 뒷발로 밀어 둥지까지 옮길 수 있죠.

은화살갈대 씨앗은 영양의 배설물처럼 보이는 데다 화학 성분도 비슷해 코를 찌르는 악취까지 납니다. 때문에 쇠똥구리는 이 씨앗을 동물 배설물로 착각하고 자신이 만든 경단처럼 둥지로 옮겨 땅에 묻습니다.

코끼리도 훌륭한 씨앗 운반 동물입니다. 최근 연구에 의하면 아프리카 사바나의 코끼리가 먹은 열매와 씨앗은 소화기관에 담긴 채 최대 65킬로미터까지 이동한다고 합니다. 코끼리는 자연의 생물 다양성과 환경 균형을 지키는 소중한 존재입니다.

새의 강한 위액도 씨앗의 발아에 큰 도움이 됩니다. 자연 선택으로 인해 각각의 새는 자신이 즐겨 먹는 씨앗에 따라 부리 모양이 다릅니다. 씨앗에 딱 맞는 부리가 있는가 하면, 또 부리에 딱 맞는 씨앗이 따로 있죠.

솔잣새와 소나무는 공진화의 좋은 예입니다. 전나무나 낙엽송 같은 소나무과 씨앗만 먹는 솔잣새의 부리를 잘 살펴보면 위아래 부리 끝이 어긋나 있습니다. 솔방울의 나무 비늘 사이에 부리를 쑥 집어넣었을 때 씨앗을 꺼내기 편한 모양이지요.

솔잣새
Loxia curvirostra

은화살갈대
Ceratocaryum argenteum

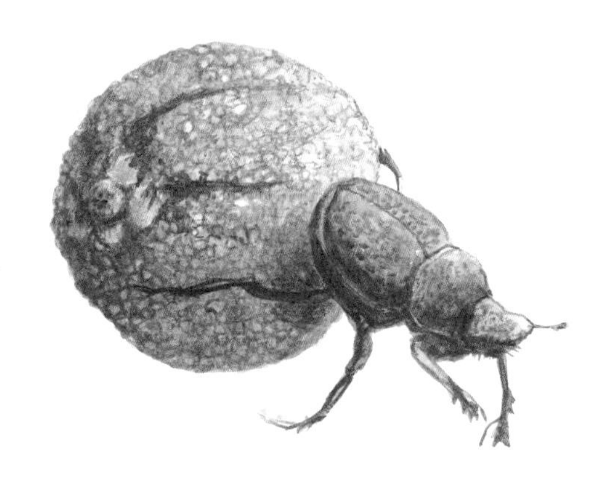

쇠똥구리
Ateuchetus semipunctatus

케이퍼
capparis spinosa

이탈리아장지뱀
Podarcis sicula

케이퍼는 금어초처럼 바위나 벽 틈에서 자라납니다. 이 식물의 씨앗을 암벽이나 벽 틈새로 운반하는 것은 바로 도마뱀입니다. 끈적끈적하고 달짝지근한 열매를 먹어 치운 도마뱀이 벽을 타고 올라가 둥지에 배설물을 분비하기 때문이죠. 동물의 소화기관을 통해 상상조차 할 수 없는 곳에 싹을 틔우는 식물은 이외에도 많습니다.

씨앗을 찾아 숲을 여기저기 돌아다니는 청설모는 숲을 재생시키는 데 중요한 역할을 합니다. 이 작은 설치류 동물은 씨앗을 잔뜩 쌓아 두는 버릇이 있죠. 청설모는 그중 일부만 먹고 나머지는 겨울철 식량이 떨어질 때를 대비해 땅속이나 나무 그루터기 안에 모아둡니다. 하지만 이를 다 먹지 못하는 경우가 많아, 이런 씨앗이 훗날 싹을 틔워 새로운 나무로 성장하게 됩니다. 또 어떤 청설모는 상하거나 벌레 먹은 씨앗만 골라 먹고 멀쩡한 씨앗은 흙 속에 묻어두려는 습성이 있습니다. 자연스러운 선별 작업 덕분에 강하고 튼튼한 나무가 자라게 되지요. 뿐만 아니라 청설모는 씨앗과 나무를 갉아 먹는 유충이나 곤충도 먹어 치우기 때문에 청설모의 존재는 숲을 더욱 건강하게 합니다.

청설모
Sciurus vulgaris

호두나무
Juglans regia

새싹이 발아하는 과정

씨앗이 엄마 식물에서 떨어져 나와 미지의 세상으로 가서 적합한 때에 맞춰 새싹을 틔우려면 준비가 필요합니다. 우선 완전히 영글어야 하죠.

그다음 산포할 때가 되면 몸에서 수분을 완전히 내보낸 뒤 최소한의 대사 활동만 합니다. 완전히 탈수된 상태에서도 생명력을 유지하는 것이야말로 씨앗이 가진 고유하고 독특한 특성이지요. 이렇게 휴면 기간을 거치기 때문에 시베리아 빙하에서 발견된 수만 년 전 씨앗에서도 새싹이 나오는 것입니다.

적합한 환경을 만나 씨앗이 다시 대사 활동을 시작하는 것이 발아입니다. 씨가 발달하여 식물로 성장하는 과정을 뜻하지요. 일정한 온도에서 수분을 흡수한 씨앗이 다시 활동을 시작하면, 배(胚, 씨눈)가 발달하고, 외피가 벌어지면서 어린뿌리와 떡잎과 여린 잎이 자라납니다.

발아 초기 어린싹은 씨앗에 담긴 영양분만을 흡수하지만, 곧이어 햇볕을 받아들여 이산화탄소와 수분을 영양분으로 변환하는 광합성을 시작합니다. 그제야 씨앗은 독립적인 한 식물로서 성장할 수 있습니다.

씨앗이 발아하면 가장 먼저 씨앗 속에 있던 떡잎과 어린뿌리가 자랍니다. 떡잎은 식물이 독립적으로 영양분을 섭취하기 전까지 배에 영양을 공급해줍니다.

소나무, 삼나무, 전나무, 노간주나무처럼 밑씨가 겉으로 드러나 있는 겉씨식물은 대개 잎이 바늘같이 뾰족한 모양을 한 침엽형 떡잎(a)을 가지는데, 떡잎의 수는 식물 종류에 따라 다릅니다.

속씨식물 중에는 외떡잎식물(b)과 쌍떡잎식물(c)이 있습니다. 대표적인 외떡잎식물로는 옥수수, 보리, 소맥, 귀리 같은 화본과가 있고, 대표적인 쌍떡잎식물로는 다수의 과실나무를 포함하여 콩, 감자, 피망, 토마토 등이 있습니다.

발아 조건은 식물에 따라서 매우 다릅니다. 어떤 식물에게는 반드시 있어야 할 조건이 다른 식물에게는 오히려 해로울 수 있지요. 예를 들어 바다수선화는 햇볕이 잘 들면 발아를 못 하지만 양귀비나 상추는 밝은 곳에서만 발아할 수 있습니다.

아래 그림은 발아 준비를 마친 씨앗의 단면입니다.

- 배는 씨앗에서 가장 중요한 부분으로, 미래의 식물을 품고 있습니다.
- 배젖과 떡잎에는 여유 영양분이 저장되어 있습니다.
- 종피는 배와 영양분을 감싸서 보호합니다. 종피의 표면은 매끈하기도 하고 씨앗의 산포를 위해 날개나 갈고리가 달려 있기도 합니다.

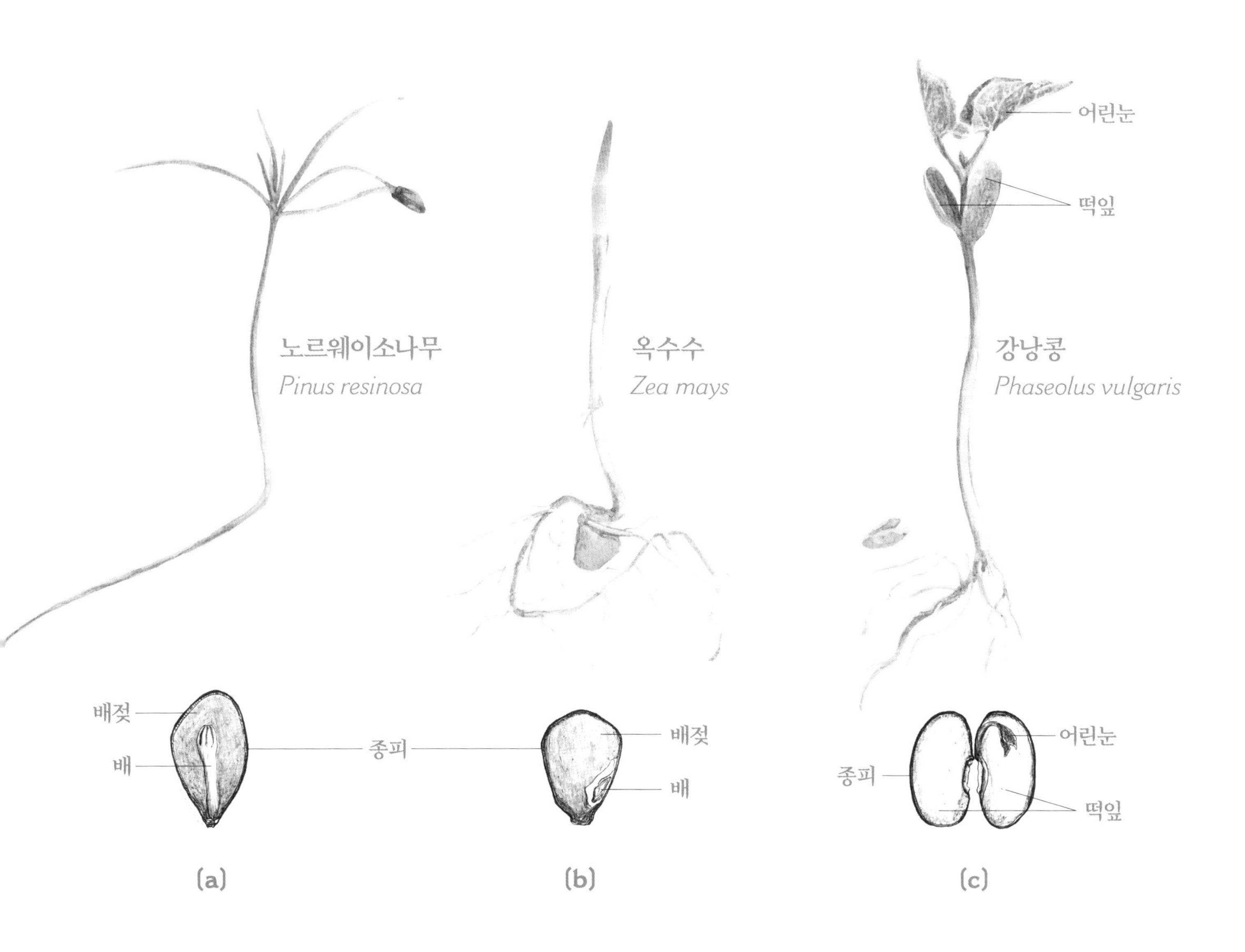

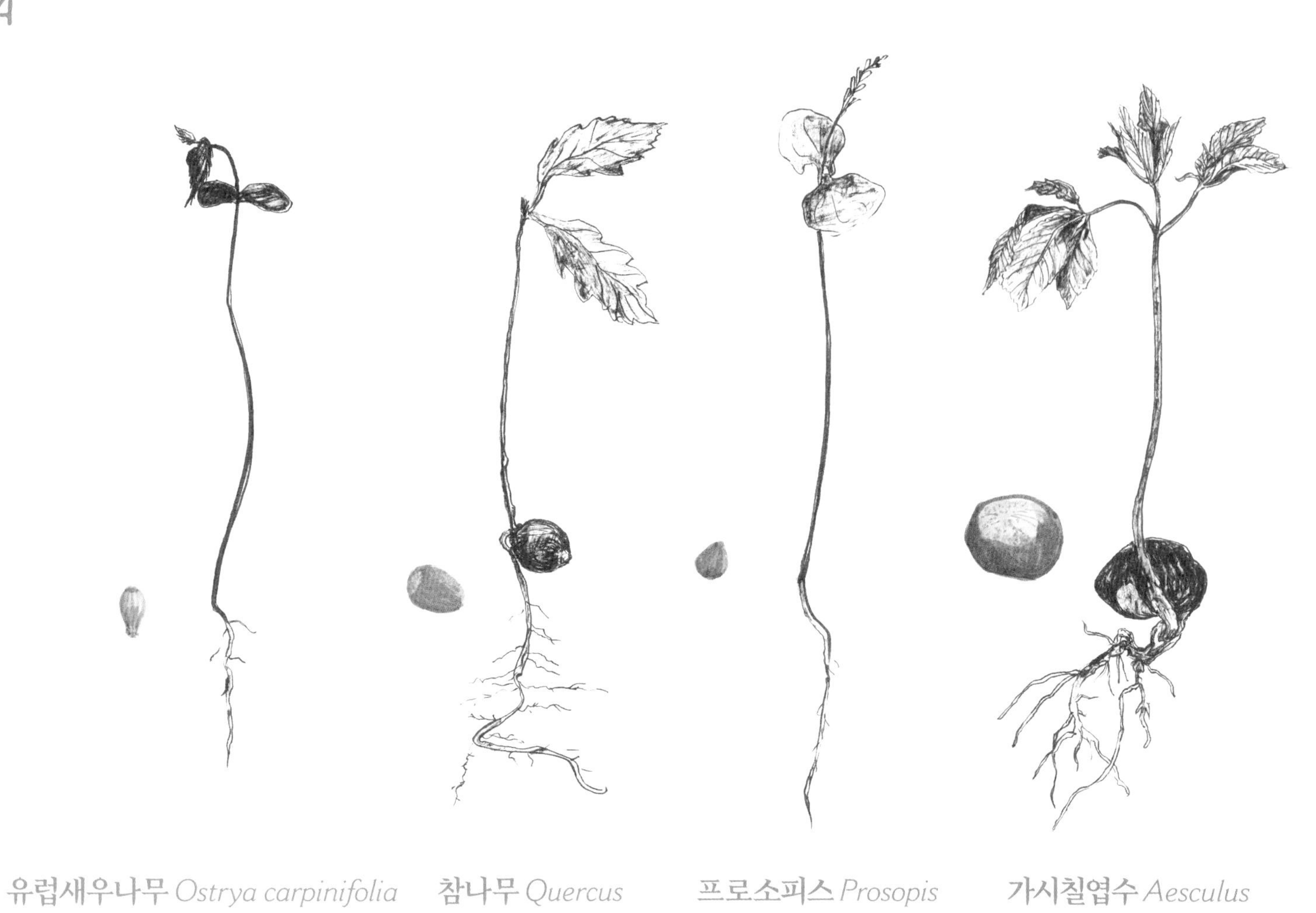

유럽새우나무 *Ostrya carpinifolia* 참나무 *Quercus* 프로소피스 *Prosopis* 가시칠엽수 *Aesculus*

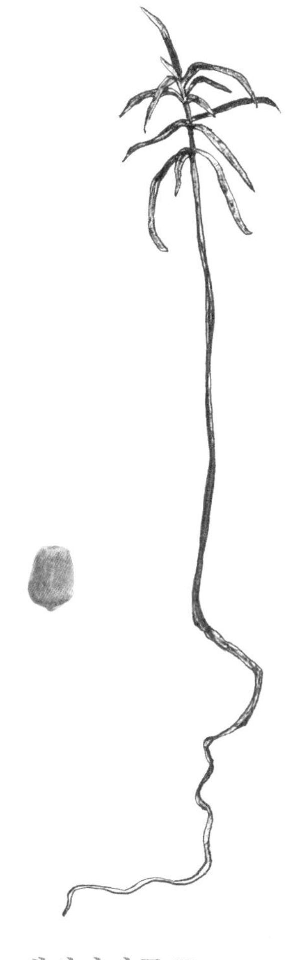

향나무 *Juniperus* 개잎갈나무 *Cedrus* 개비자나무 *Taxus*

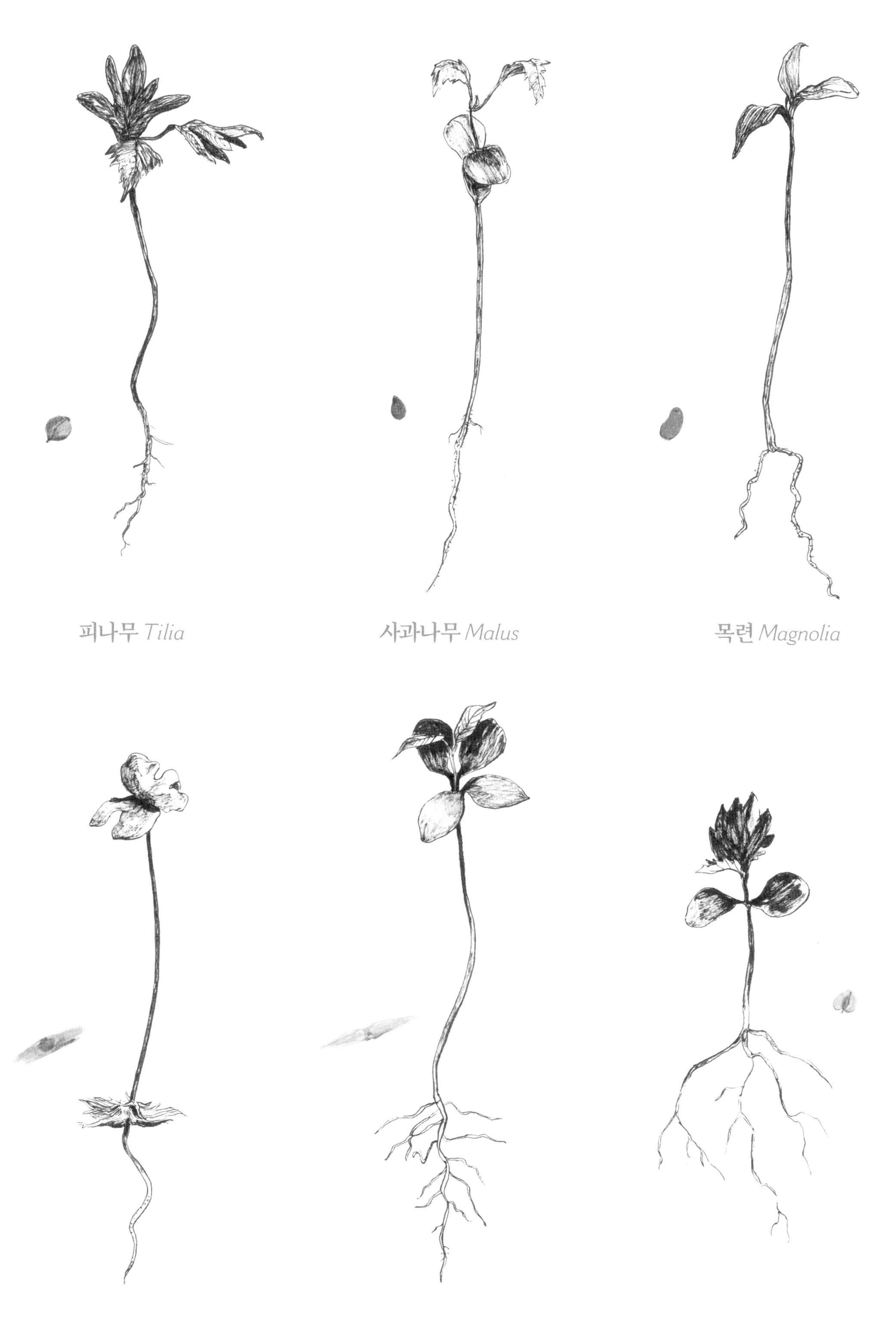
피나무 *Tilia*
사과나무 *Malus*
목련 *Magnolia*
능소화 *Campsis*
개오동 *Catalpa*
오리나무 *Alnus*

레오폴디아 코모사
Leopoldia comosa

씨앗 은행

씨앗은 지구의 생명을 유지하기 위해 없어서는 안 될 중요한 존재입니다. 이를 깨달은 사람들은 씨앗을 보존하기 위한 은행을 만들었습니다. 거대한 저장소에는 지금까지 인류가 발견한 거의 모든 종류의 씨앗이 수집, 보관되어 있습니다. 씨앗 은행을 만든 이유는 생물 다양성을 보존하고 식용 식물, 멸종 위기 식물, 자생종 식물 씨앗을 자연재해나 전쟁 같은 재난으로부터 보호하기 위해서입니다.

현재 세계에는 많은 씨앗 은행이 있고 각 은행 간 협업도 이루어지고 있습니다. 가장 규모가 큰 곳은 노르웨이의 스발바르 국제종자저장고입니다. 이곳에는 전 세계 수백만 종류의 씨앗이 저장되어 있습니다.

씨앗 은행에서는 씨앗의 생명을 유지하기 위해 씨앗의 수분을 완전히 없앤 뒤 밀폐 용기에 넣어 식물에 따라 영하 20도에서 영상 5도 사이 온도에 보관합니다. 대부분의 저장성 종자가 이런 방식으로 보관되죠. 16쪽에서 설명했듯 저장성 종자는 수분을 완전히 배출하고 모든 대사 활동을 중단하면 장기 보관이 가능합니다.

하지만 문제가 있습니다. 코코넛나무, 밤나무, 아보카도, 비파나무, 떡갈나무, 맹그로브, 차나무, 망고나무 같은 난저장성 종자 때문이죠. 이들 씨앗은 크고 수분이 많아서 저장성 종자처럼 수분을 줄이면 생명력을 잃습니다. 장기 보관이 어려운 식물 종을 보호하려면 환경 보호에 더 많은 노력을 기울여야 합니다.

부추
Allium tuberosum

슬기로운 씨앗 활동

책을 읽다 보면 배운 것을 직접 경험해보고 싶다는 생각이 들지요. 여러 종류의 씨앗을 수집해 씨앗과 식물의 특징을 관찰하고, 직접 흙에 심어보세요. 씨앗으로 장난감이나 악기를 만들 수도 있습니다. 책에 소개한 놀이와 더불어 자신만의 상상력을 발휘하면 재미있는 씨앗 활동이 가능합니다.

씨앗 공 던지기

씨앗 공(씨앗 폭탄, seed bomb)을 처음 생각한 사람은 일본의 식물학자이자 철학자인 후쿠오카 마사노부입니다. 다양한 씨앗을 섞어 넣은 진흙 덩어리를 여기저기에 뿌려두면 저절로 싹이 트기 때문에 비옥하지 않은 땅에 식물을 심는 데 알맞은 방법입니다.

준비물

- 다양한 씨앗(개자리, 귀리, 금작화, 병아리콩, 토끼풀, 양귀비, 단풍나무 등)
- 진흙
- 물
- 진흙으로 빚은 공을 담을 상자나 뚜껑이 없는 용기

베란다나 탁자에 준비물을 올립니다.
손에 물을 조금씩 묻히면서 씨앗과 진흙을 섞어 공처럼 둥글게 빚습니다.
다 만든 씨앗 공을 햇볕에 말립니다.
공이 마르면 숲, 잔디밭, 공원이나 공터로 나가 여기저기 던져 놓습니다.
씨앗은 개미나 새 들로부터 안전하게 보호된 상태로 진흙 공 안에서 잠자다 싹을 틔우기 적합한 환경이 되면
저절로 잠에서 깨어납니다.
따뜻한 기온일 때 비를 맞으면 싹을 틔우기 더 좋은 환경이 됩니다.
싹이 나지 않을까 봐 걱정할 필요는 없습니다. 모든 건 자연이 알아서 하니까요.
우리의 작은 노력이 생물 다양성 보존에 큰 도움이 됩니다.

솔방울 잠수 실험

소나무 씨앗은 솔방울을 집으로 삼아 모여 삽니다. 솔방울은 사람이 먹을 수 있는 열매가 아니라 나무로 만들어진 구조물에 가깝습니다. 이런 종류의 열매를 구과라고 부릅니다. 솔방울의 복잡한 구조를 이해하면 식물이 얼마나 다양한 방식으로 씨앗을 퍼트리는지 알 수 있지요. 누구나 쉽게 실험해볼 수도 있습니다.

물이 들어 있는 그릇에 비늘이 벌어진 솔방울을 넣어보세요.
몇 시간이 지나면 서서히 비늘이 닫히는 걸 볼 수 있습니다.
자연 상태에서도 보슬비가 내리거나 습도가 높아지면 같은 현상이 일어납니다.

이런 현상을 어떻게 설명할 수 있을까요?
습도가 높으면 땅에 떨어진 솔방울 비늘이 수분을 흡수합니다. 그런데 솔방울 비늘의 겉 부분은 수분을 흡수하면 팽창하여 부피가 커지지만, 안쪽 부분은 팽창하지 않아서 안으로 휘어지는 힘을 받습니다. 이처럼 솔방울 비늘은 겉과 안이 다른 성질을 가지고 있어서 수분 흡수 정도에 따라 비늘이 열리고 닫히게 되지요.
이런 특성 덕분에 소나무 씨앗은 산포하기 좋은 건조한 환경이 될 때까지 솔방울 안에 안전하게 보관됩니다. 그러다 날씨가 건조해지면 비늘이 열리고 솔방울에서 날개 달린 씨앗이 떨어져 나옵니다. 때로는 산불로 주변 온도가 상승하는 일도 산포에 도움이 됩니다. 물론 너무 큰 산불은 나무와 씨앗에 해가 되지만, 이 책 19쪽에 나오는 방크시아 멘지스나 처진병솔나무 같은 소나무과의 일부 식물은 산불을 기회 삼아 씨앗을 산포하기도 합니다.

씨앗으로 하는 틱택톡 게임

종이나 모래 위에 아홉 칸을 그려서 친구와 틱택톡 게임을 해보세요.
우선 호두, 땅콩, 헤이즐넛, 밤, 잣처럼 먹을 수 있는 견과류를 준비하고, 각자 한 가지 종류의 씨앗을 고릅니다.
두 명이 번갈아 씨앗을 놓다가 똑같은 씨앗 3개를 가장 먼저 나란히 놓는 사람이 이기는 방식입니다.
이긴 사람은 칸에 놓인 씨앗을 모두 차지합니다.

씨앗 채집 봉투

씨앗을 수집해서 종류별로 분류해보는 작업도 씨앗을 공부하는 좋은 방법입니다.
씨앗을 넣어둘 봉투를 마련해 씨앗 수집가가 되어보세요.
먼저 종이를 준비한 뒤 아래 그림처럼 자르고 접어서 풀을 붙입니다. 이렇게 만든 씨앗 봉투에 식물의 이름, 씨앗을 수집한 날짜와 장소, 씨앗 수집가인 자신의 이름을 적은 뒤, 마지막으로 식물 그림을 붙이거나 그립니다.

씨앗에는 식물이 서식하는 지역의 이야기와 그곳에 살고 있는 민족의 역사가 담겨 있습니다.
씨앗의 생물 다양성 보존을 위해 노력하는 환경운동가 반다나 시바는 이렇게 말했습니다.
"농부는 씨앗을 교환할 때 씨앗의 정보와 역사, 씨앗에 얽힌 사연뿐만 아니라 자신의 철학까지 나눕니다."

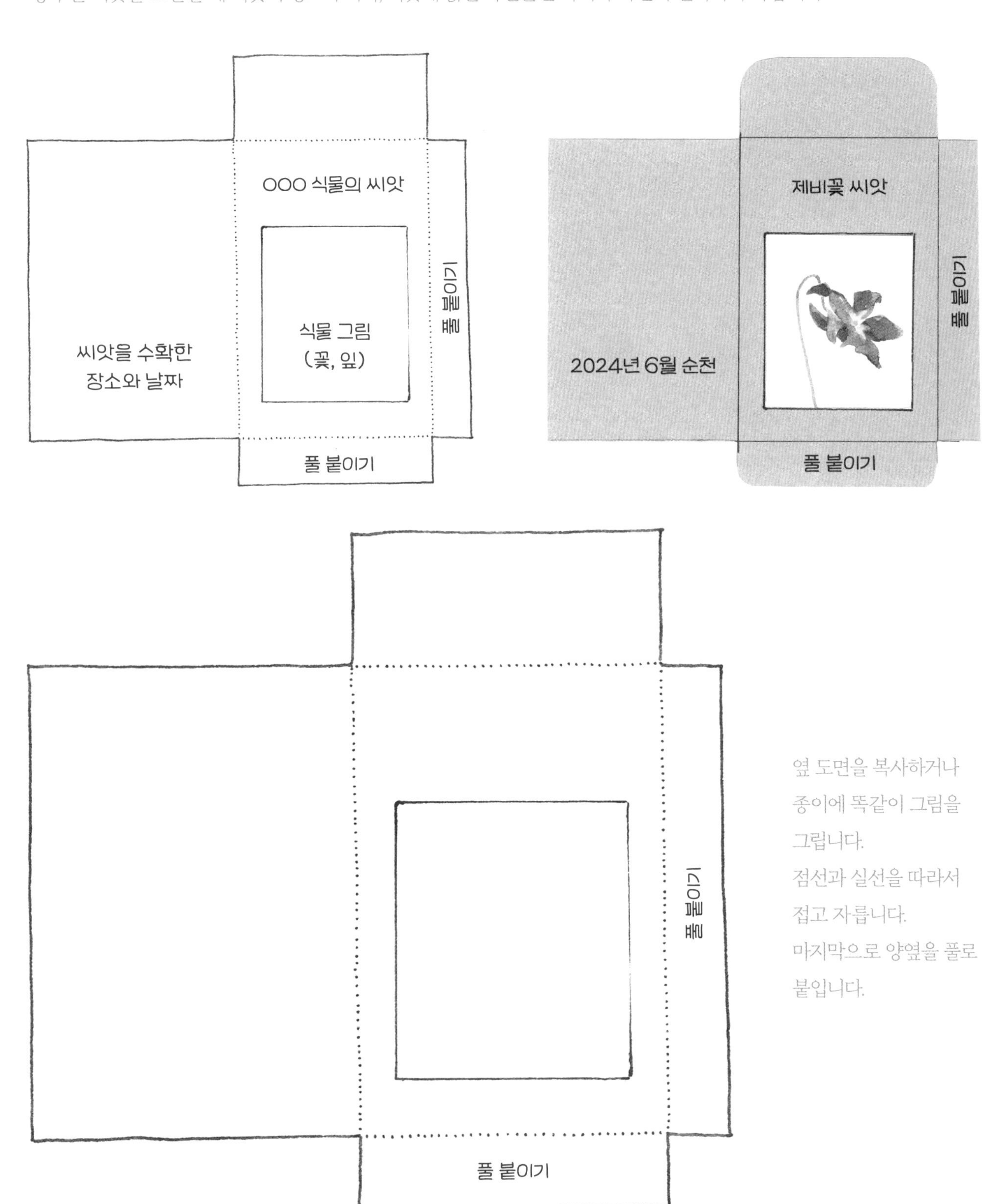

옆 도면을 복사하거나
종이에 똑같이 그림을
그립니다.
점선과 실선을 따라서
접고 자릅니다.
마지막으로 양옆을 풀로
붙입니다.

타악기 마라카스 만들기

작은 호박, 양귀비꽃, 말린 콩깍지 등은 흔들면 씨앗이 부딪히는 소리가 납니다. 남미의 전통 악기인 마라카스는 바로 이런 속이 빈 작은 호박으로 만들죠. 남아메리카 사람들은 예로부터 마라카스 안에 든 씨앗이나 돌멩이에 특별한 의미가 있다 여겨, 신성하게 생각했습니다. 특히 남미의 무당들은 하지 축제 의식을 치를 때마다 마라카스를 연주했습니다.
여러분도 마라카스를 직접 만들어보세요. 먼저 장식용 호박의 속을 파내고 끈에 매달아서 건조한 뒤 통풍이 잘되는 장소에 한 달 정도 매달아 둡니다. 호박이 바싹 마를수록 소리가 더 잘 납니다.
손쉽게 페트병이나 종이 상자로도 마라카스를 만들 수 있습니다. 어떤 씨앗을 넣느냐에 따라서 소리도 달라집니다. 양귀비 씨를 넣고 흔들면 듣기 좋은 바스락 소리를 들을 수 있고, 병아리콩이나 강낭콩을 넣고 흔들면 마치 비가 내리는 듯한 소리를 들을 수 있습니다.

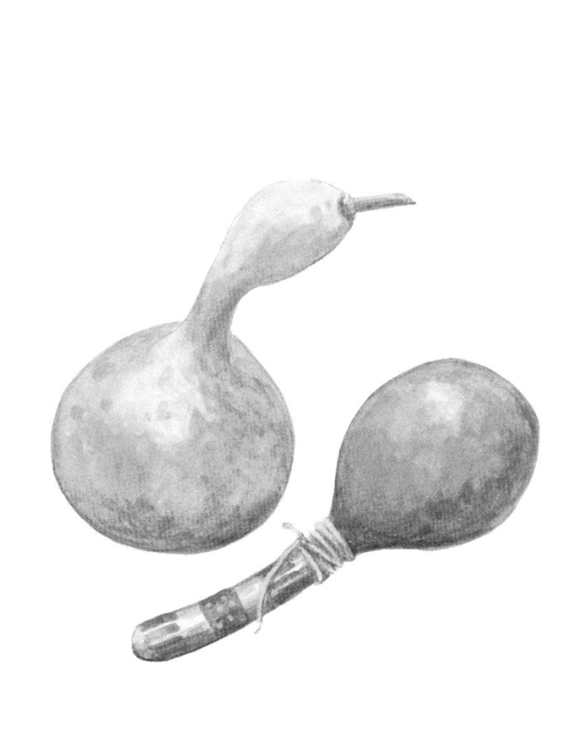

씨앗 카드 놀이

놀면서 배우는 것만큼 좋은 학습법이 있을까요?
다음 장에는 씨앗 카드 놀이를 할 수 있는 그림이 있습니다. 씨앗을 직접 그리면서 카드 놀이를 하다 보면 이름과 모양을 자연스럽게 기억할 수 있죠.
52쪽에는 주로 이 책에 나오는 식물 씨앗들의 이름과 그림이 있습니다. 53쪽에는 씨앗 이름만 있고 그림은 없습니다. 카드 놀이를 하기 위해 우선 양쪽을 복사합니다. 복사 종이는 가능하면 두꺼울수록 좋습니다.
52쪽 그림을 참고하여 53쪽 종이의 빈칸에 씨앗 그림을 그리세요. 이때 씨앗 이름과 그림이 반드시 일치해야 합니다. 칸을 모두 채운 뒤 가위로 종이에 그려진 선을 따라 잘라서 40장의 씨앗 카드를 만듭니다. 이제 모든 카드를 뒤집어서 그림이 그려진 면이 바닥을 향하도록 놓고 잘 섞어준 다음, 오와 열을 맞춰서 카드를 배치하면 준비가 끝납니다.
시작하는 사람이 아무 카드나 2장을 뒤집습니다. 두 카드의 그림이 일치하면 1점을 따고, 일치하지 않으면 그 자리에 카드를 다시 뒤집어 놓습니다. 그리고 다음 사람으로 순서가 넘어갑니다. 카드의 위치를 기억해서 짝이 맞는 그림을 찾는 방식으로 똑같은 그림을 많이 찾아 점수가 높은 사람이 승리합니다.

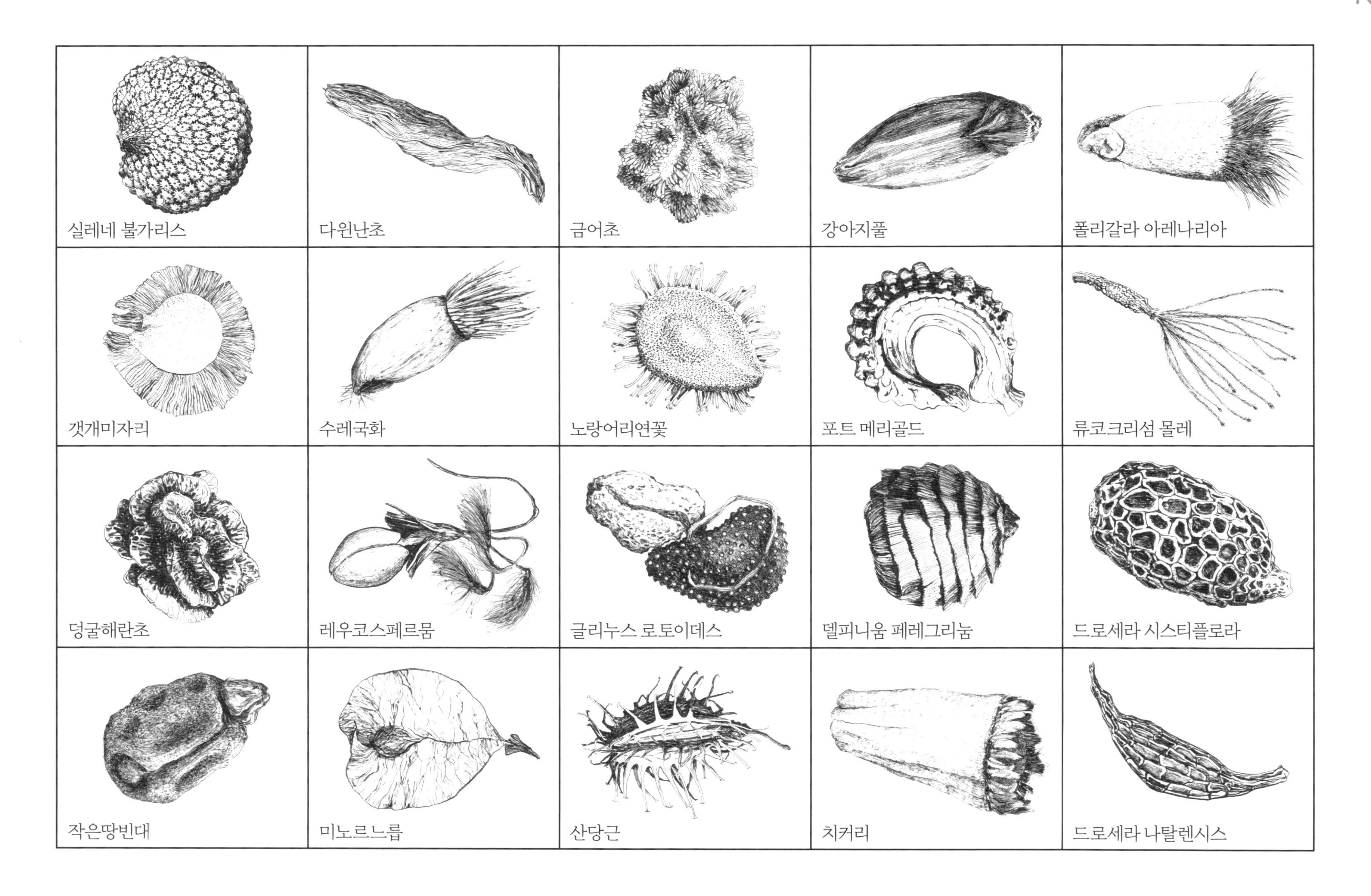
실레네 불가리스
다윈난초
금어초
강아지풀
폴리갈라 아레나리아
갯개미자리
수레국화
노랑어리연꽃
포트 메리골드
류코크리섬 몰레
덩굴해란초
레우코스페르뭄
글리누스 로토이데스
델피니움 페레그리눔
드로세라 시스티플로라
작은땅빈대
미노르느릅
산당근
치커리
드로세라 나탈렌시스

실레네 불가리스	다윈난초	금어초	강아지풀	폴리갈라 아레나리아
갯개미자리	수레국화	노랑어리연꽃	포트 메리골드	류코크리섬 몰레
덩굴해란초	레우코스페르뭄	글리누스 로토이데스	델피니움 페레그리눔	드로세라 시스티플로라
작은땅빈대	미노르느릅	산당근	치커리	드로세라 나탈렌시스

나만의 씨앗 은행 만들기

나만의 씨앗 은행을 만들기 위해서는 아래 준비물이 필요합니다.

- 씨앗을 담을 작은 유리병이나 종이봉투
- 스티커형 라벨 또는 종이와 가위, 접착용 풀이나 테이프
- 필기용 수첩
- 식물을 그리기 위한 펜, 연필, 크레파스, 물감 등
- 카메라
- 식물 모양을 자세히 관찰하기 위한 확대경

평범한 상자도 씨앗 은행이 될 수 있습니다. 나만의 씨앗 은행을 만들어 서늘하고 건조한 장소 혹은 냉장고 안에 보관합니다. 먼저 유리병이나 종이봉투에 담기 전 씨앗을 잘 말립니다. 건조 작업은 씨앗 은행을 만드는 데 매우 중요합니다. 완전히 말리려면 씨앗을 서늘하고 건조하며 통풍이 잘되는 장소에 고르게 펼쳐 둬야 하지요. 다만 햇볕은 절대 금물입니다. 씨앗의 크기와 주변 환경의 습도에 따라 보통 2주에서 4주 정도 말리는데, 이때 특히 습도를 조심해야 합니다. 습도가 높으면 곰팡이가 생겨서 씨앗이 상할 수 있기 때문이죠. 가끔 씨앗을 뒤적이면 공기가 잘 통해 더욱 빠르게 마릅니다.

은행에 보관하는 씨앗 정보를 수첩에 정리해두면, 씨앗들을 체계적으로 보관하는 데 도움이 됩니다. 주로 아래와 같은 내용을 기록할 수 있습니다.

- 이름 머리글자를 쓰고 그 뒤에 숫자를 붙여서 분류 기호를 만들어보세요.
  예를 들어 분류 기호 AR-9는 Alice Rossi가 수집한 9번째 식물이라는 뜻입니다.
- 식물의 학명과 보통명을 함께 적습니다.
- 씨앗을 수집한 장소와 날짜를 기록합니다.
- 다 자란 식물 그림을 붙이세요. 사진을 오려 붙여도 좋고, 직접 그려도 좋습니다.
- 식물이나 씨앗의 특징을 정리합니다.

지그재그명주나비
Zerynthia polyxena
벌
Apis
석류나무
Punica granatum

씨앗 속에서

2024년 4월 19일 초판 1쇄 발행

글쓴이 베티 피오토
그린이 조이아 마르케지아니
옮긴이 김지우

펴낸이 천소희
편집 박수희

펴낸곳 열매하나
등록 2017년 6월 1일 제25100-2017-000043호
주소 (57941) 전라남도 순천시 원가곡길 75
전화 02.6376.2846 | **팩스** 02.6499.2884
전자우편 yeolmaehana@naver.com
인스타그램 @yeolmaehana

ISBN 979-11-90222-34-1 06480

이 책의 본문은 '을유1945' 서체를 사용했습니다.

삶을 틔우는 마음 속 환한 열매하나

개자리
Medicago disciformis